U0050095

餐飲管理
理論與個案

陳覺　何賢滿　編著

前　言

「民以食爲天」，餐飲業是一個傳統的甚至是古老的行業，但也是一個生生不息、永不過時的行業。即使人類社會已進入高度發達的資訊時代，這個行業也還具有極強的生命力。而且，高度發達的科技還爲這一行業的永續發展注入了新的活力，賦予了新的時代特徵。

中國加入 WTO，服務業入世，中國餐飲業面臨前所未有的挑戰。目前已遠非五年前或十年前僅僅是麥當勞、肯德基等少數幾家國外快餐企業集團，到中國做嘗試性的開幾家分店的情形，西洋餐飲現已大舉入侵中國市場。據統計，目前已有100家左右的國外餐飲品牌在中國消費市場上出現，這些品牌涵蓋的產品種類非常廣，從快餐服務到豪華點餐服務，從特色專門店到綜合餐飲提供，西洋品牌已從餐飲市場的各個方位向中國發動了全面的進攻。中國餐飲業者如何在新技術的時代背景下應對國外餐飲的大舉進入，提高自身管理水準並提升企業素質，成爲一個挑戰性極強而又十分緊迫的重大課題。

中式餐飲與國外餐飲在產品服務上各具特色，管理上也各有千秋。西洋餐飲擁有許多值得中國餐飲學習的地方，中國餐飲在許多方面也有其獨到之處。因此，研究中外餐飲經營管理的各自特點，取長補短，相互借鑒，共同發展，成爲中國餐飲業續寫繁榮的必經之路。

目前，學術界也出現了不少對比研究中外餐飲的文章和書刊，但許多都未能從中外餐飲的實踐角度去探索餐飲管理的具體操作，而更多地偏重於理論上的研討。因此，無論是從學術界的科學研究角度、教育界的實踐教學角度還是企業界的實際操作角度，都需要有一本詳細介細中外餐飲管理具體案例的小冊子，來滿足理論研究、教學參考和經驗借鑒的需要。

多年在國內從事餐飲管理實踐、教學、研究工作和留學英倫的經歷使我有機會更多地了解中外餐飲業的具體實踐，累積了一定的資料和經驗。

參加本書編寫工作的還有浙江工業大學容大集團公司的何賢滿先生、周興先生、杭州商學院旅遊學院的許金根老師和俞佳琳小姐。在此，還要對本書所引用的部分案例的原作者表示感謝。書中欠缺之處還望廣大同行賜教與斧正。

陳　覺

目　錄

緒論

餐飲管理概述

餐飲產品是服務產品中的一個特殊類型，具有其獨特的生產待徵。餐飲管理者需遵循餐飲生產的特有規律進行管理實踐。

一、餐飲產品生產（提供）特徵

餐飲業是服務業的一個重要分類，但餐飲產品的生產（提供）流程卻不同於一般的服務產品。一般服務產品的生產（提供）僅限於無形服務的組織與安排，即使有些服務產品中包含有形產品的成分（如零售業），但這些有形產品本身並非該服務企業「製造」出來的，服務企業僅僅在有形產品生產商與顧客之間充當了「第二手」的角色，並非對有形物質實施一定程度的「轉形處理」。而餐飲生產不僅有無形服務的存在，還需對有形物質（如食品原料）進行「轉形處理」，「製造」出新的有形產品（如菜餚），因而具有一定意義的製造業的生產特徵。

當然，餐飲生產又不同於製造業。製造業著重於有形產品的「後台」生產，並不與顧客發生直接接觸。餐飲產品則是無形服務與有形產品並重的「混合型」產品，後台從事有形產品生產，前台直接與顧客接觸並爲其提供無形服務，無形服務提供的品質同樣也會影響到顧客對整體產品的評價。所以，餐飲生產又與服務業的生產特點取得了一致的共同點。

餐飲生產同時具有服務業和製造業兩種不同行業的生產特徵，這也決定了餐飲管理的複雜性和綜合性，同時也爲餐飲管理者們提出了嚴峻的挑戰。

二、餐飲生產的類型

任何組織的生產特徵都必須解決生產批量與產品類型的關係。

根據餐飲生產在這兩方面表現出的不同特點，可將餐飲企業的生產方式劃分爲三種。如圖 0-1 所示，圖中橫軸指的是批量變數，縱軸指的是產品類型變數。

㈠專業生產服務式

指生產數量小而產品類型較多的服務。這類服務提供者與顧客接觸的時間長，服務個性化程度較高，服務的生產過程能適應於各種不同的顧客需求。提供點菜服務的餐飲業就屬於這一類。

㈡大量生產服務式

與專業服務相反，所指的是產品類型少，而生產數量大的服務。這類服務與顧客接觸時間短，個性化程度低，服務的生產主要在後台完成，前台服務人員只能在較短的時間做出服務判斷來完成整個服務。這類服務對服務提供者的專業技能要求很低，服務的標準化和程序化程度很高。快餐、速食可歸入這個範疇。

㈢定製生產服務式

這是西方近年來提出的一個新概念。表現了一種數量與產品類型皆高的服務。傳統生產管理認爲，大數量和定製化是不可能同時實現的。而隨著訊息技術的高度發達，生產技術的不斷現代化，在大數量生產的同時，按顧客的要求對產品進行個性處理已成爲事實。中國近年出現的大型點菜餐飲業綜合了傳統點菜餐館（專業型服務）與快餐餐館（大量服務）的特點，可按顧客的不同需求（點菜）進行大量生產（這類餐館一般可同時容納上千人用餐），呈現出定製化的生產特徵。

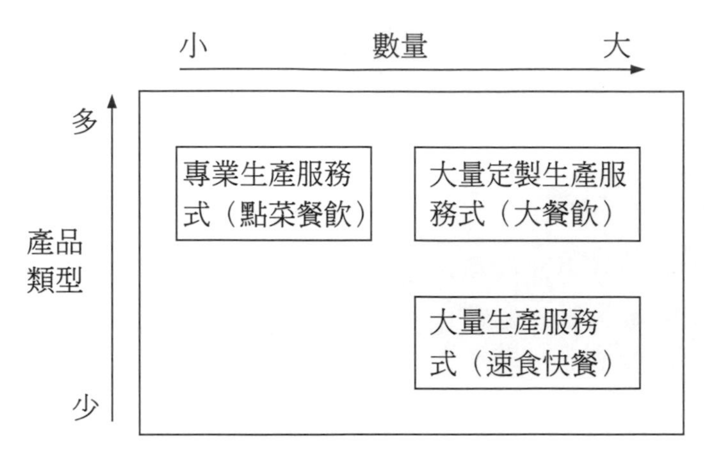

圖 0-1　餐飲生產的類型

本書所選之案例涉及上述所有三種類型的餐飲企業。

三、餐飲生產的實質

餐飲生產實質上是一個加工轉形處理過程。所謂加工轉形處理過程，就是將某一事件經過一個處理系統的加工而轉化成另一種形式的事物的過程。這個過程表明了運作管理的基本模式。如圖 0-2 所示。

圖 0-2　轉形加工處理過程示意圖

餐飲產品的加工轉形處理過程則可視爲餐飲管理者或業主投入一定的設施設備、原材料、資金和人力，經餐飲組織的加工轉形處理，生產出令顧客滿意的無形服務產品與菜餚酒水等有形產品的過程。如圖 0-3 所示。

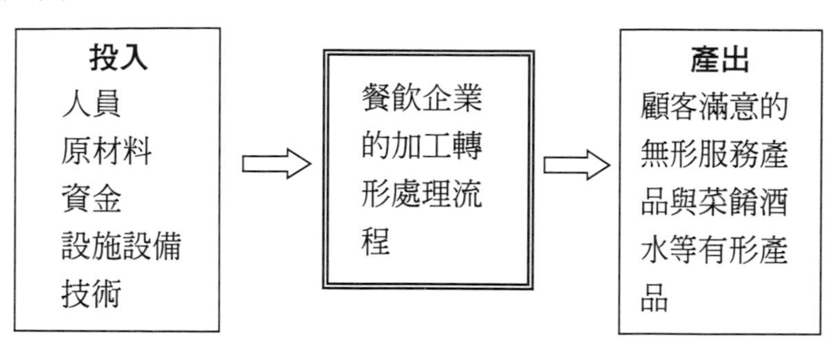

圖 0-3　餐飲生產轉形加工處理過程

四、餐飲管理的對象

餐飲生產的加工轉形處理過程指出，爲生產出最終產品，管理者必須投入一定的資源，如人力、物資和資金等。這些資源就是管理者可支配和管理的對象。一般來說，管理的對象包括七個方面，六個「M」和一個「I」。

Man	人員
Money	資金
Material	原材料
Machine	設施設備
Method	技術技能
Market	市場
Information	訊息

這七個對象的存在說明了餐飲管理的兩層涵義。廣義的餐飲管

理包括對所有七個對象的管理，也就是我們平時提到的「經營管理」。管理者不僅要處理好企業內部人、財、物的規劃事務，而且還需協調企業與外部市場要素（包括顧客、競爭對手等）的關係。而狹義的餐飲管理則主要指「內部管理」，管理者對企業內部的主要資源（不包括 Market 市場在內的其他六個對象）實施控制與支配。本書所討論的主要是後者，即「內部管理」。

五、餐飲管理的基本內容

明確了餐飲管理的對象，管理者就能清楚地確定管理任務和工作內容。為實現餐飲企業預期的經營目標，餐飲管理者須運用計劃、組織、指揮、協調、控制和激勵等手段，合理規劃人、財、物、技術、訊息等資源，達成最佳配置。具體來說，餐飲企業的管理者須實施以下的管理實踐。

㈠餐飲選址與規劃

確定餐飲企業的地段位置，並對企業的設施規劃進行合理化設計與配置。

㈡菜單計劃與銷售分析

根據目標市場的需求和餐飲生產內在要求設計，並確定企業的產品目錄——菜單，結合銷售狀況進行分析，發現消費頻率，用以指導生產與服務。

㈢餐廳服務及日常管理

合理組織和配置餐廳服務人員，做好日常工作安排及服務品質管理，並實施對餐廳用品、設備設施的控制與管理。

㈣餐飲人事管理與培訓

做好餐飲生產服務人員的招募、面試、錄用、培訓、考核、薪酬工作。特別要做好各類的人員職前及在職培訓，提高員工素質。

㈤廚房生產與管理

根據菜單計劃的要求，建立適合的廚房生產系統，合理地組織廚房工作人員，做好菜餚品質和成本控制，並做好與此相關的原料採購儲存工作。

㈥資訊技術與餐飲管理

管理資訊化是現代化餐飲管理的標誌。引入資訊技術和設備及相應的管理方式，提高生產服務系統的工作效率，提高對市場需求變化的反應速度。

㈦抱怨管理

這也是餐廳管理的一項重要內容。妥善處理顧客抱怨，提供及時、有效的補救服務，挽回由於生產服務失誤而引起的企業聲譽的損失。

Benihana餐館的成功與發展

Benihana餐館連鎖是美國一家著名的專門供應牛排的餐館。1964年它還只是位於曼哈頓市中心的只有四十個座位的小餐館，如今成爲遍布美國的的大型連鎖餐飲企業。公司每年的盈利超過1200萬美元。

Benihana的創始人是日裔的前奧林匹克摔角運動員洛奇。Benihana餐館的起源實際可追溯到1935年。當時，洛奇的父親在日本開張了在日本的連鎖店中的第一家餐館，稱之爲Benihana餐館，這是以該餐館門前附近生長的紅色小花命名的。

1959年，二十歲的洛奇隨同大學的摔角隊來美國旅行。到達紐約時，他一眼就愛上了這個城市，並確信在美國一定比在日本有更多的商業機會。洛奇決定報名到城市大學的餐飲管理系學習，因爲洛奇知道從事餐飲行業永遠不會挨餓。前幾年他洗盤子、開卡車送雪糕、做導遊存了一些錢，而當中最重要的是，洛奇用三年的時間對美國的餐館市場進行了系統化的了解與分析。他發現美國人喜歡在異國環境下用餐，但由於他們極不相信異國的食品，所以人們非常喜歡看到食品的烹調過程。因此，洛奇拿出了到1963年爲止所存的一萬美元，同時又借了七十二萬多美元在美國西部開了第一家餐館，試圖將所學全部應用於實踐。

洛奇的第一家在西部的餐館非常成功，才六個月就收回了成本。然後爲了分流西部餐館的過多客源，1966年他在三個街區之外的東部建立了第二家餐館，使得東邊很快地發展了單獨的顧客群並繁榮起來。1967年，曾經來Benihana用餐過的希爾頓，提出要與洛奇研究在芝加哥開餐館的可能性，洛奇飛往芝加哥，然後租了一輛車，在去會見希爾頓的路上看見了一片閒置的場所，他馬上停下來並打電話給主人，在第二天便簽了租約，亦即第三家餐館的成立。

在芝加哥的這個第三家餐館成爲公司最賺錢的餐館，這是快速的成功，每年的營業額大約爲130萬美元。食品和飲料比爲70：30，管理人員能保持食品（占30%）、勞動力（10%）、廣告（10%）、租金費用（5%）等費用百分比在相對低的水準。

第四家餐館在舊金山，第五家是1969年在拉斯維加斯與國際飯店合資的。這時，實際上有數百人在申請加盟的特許，洛奇一共爲六個加盟者授予了特許權，直到1970年他認爲擁有所有權，要比特許權授權對他更有利，於是就停止了對加盟特許權的授予。

這個停止授予加盟特許權的決策導因於許多的因素，首先，因爲所有的加盟特許權都是由投資者買下的，而他們根本沒有或很少具有經營餐館的經驗；第二，美國投資者與日本人的員工溝通比較困難。最後，對特許權加盟者的控制比對公司聘用的管理人員的控制更難。在1970年前後的那段時期，許多集團嘗試著模仿洛奇的成功，其中甚至包括一個集團，它十分熟悉洛奇的運作方法，就以極其類似的方式將餐館建在一家Benihana餐館的附近，但當年就關閉了。由於管理人員堅信Benihana餐館的成功不是輕易就能複製的，他們感到特許經營權的傳統壓力之一被消除了，這樣就可以快速擴張以先發制人。

一、選址與布局

由於考慮到午餐的重要性，所以在地段的選擇上，Benihana 的基本的信念是：交通擁擠處。因爲管理者要確保餐館附近有較大的人流量，在460～550平方公尺面積的租金通常占銷售收入的5%～7%。許多餐館座落在繁華的商業區，購物中心也在考慮之列，但目前還未在購物中心處開餐館。

洛奇在餐館建造時，就確切地指定酒吧或大廳的空間。開第一家餐館時，洛奇基本上把業務看成是一種食品銷售。西部的Benihana餐館原本只有八個座位的酒吧，並沒有大廳空間，裝潢呈現出完全正宗的日本鄉村小酒館的風格。洛奇很快地了解到酒吧的空間不夠，於是在第二家的餐館，酒吧或大廳的空間是原來的兩倍，但由於整個餐館的空間大了，所以酒吧或大廳占整個空間的比例並沒有什麼變化。

他的第三家Benihana皇宮在曼哈頓開業，這裡的酒吧或大廳不論從比例還是規模上來說都非常大。數字也說明了增加面積的明智，西部餐館的飲料收入占總收入的18%；東部佔20%～22%；宮殿占30%～33%，而飲料成本占飲料收入的20%。

餐廳裝飾十分注重歷史的眞實性。Benihana餐館的牆壁、頂棚、樑、人工製品、裝飾燈具都來自日本，建築材料是來自日本的舊房子，經仔細地拆開再裝船運至美國，由洛奇父親的兩位日本木匠同事中的一位來重新組裝。

表演經營的中心在餐廳。「teppanyaki」桌中間是一個鋼盤，周圍是2.85公尺的木質邊緣扶手，使用瓦斯加熱。每個桌子上方都有一個排氣管來去除煙、氣味和鋼盤的熱氣。主廚和侍者提供服務，每組通常負責兩個桌子。

洛奇儘量將整個餐館變成獲利的用餐地方。整個空間中只有22%是輔助部分，包括準備、乾燥和冷凍儲存、員工的衣帽間和辦公地方，而通常一個餐館需要整個空間的30%作爲輔助部分。

二、菜單與銷售

Benihana 餐館提供以牛排爲主的餐食。菜單品種不多，主要有四種食品：牛排、牛肉卷、雞肉、蝦，它們可以單獨成爲主菜也可組合。完整的晚餐有三道菜，蝦作爲正餐前的開胃品，副食基本保持不變：豆芽、蘆筍、鮮蘑菇、洋蔥、白飯。

通常包括主食和飲料的餐費爲六美元、晚餐約十美元，其中包括午餐的平均爲1.5美元的飲料，晚餐平均的飲料消費爲一美元左右。

通常客人從走進餐館、就座、用餐到離去的整個過程，快時只需要四十五分鐘，平均週期爲一小時，慢時要一個半小時。

午餐業務是非常重要的，雖然基本上是同樣的菜單，平均收入明顯較低，但總體上占總收入的 30%～40%。午餐菜單的價格平均較低，這基本上反映出人們在午餐時飯量較小、食品的組合較少。

三、生產運作管理

洛奇的父親，和他的繼承家族傳統的兒子一樣，是勇於實踐且頭腦靈活的餐館老板。1958 年，考慮到不斷增長的成長和競爭的加劇，他首次將「hibichi」桌的概念引入運作中，洛奇從他父親那裡繼承了這些烹調方法。這種方法要求廚師在顧客面前當場烹調。

烹飪過程如下：

廚師（一般是日本本土廚師）直接走到顧客的「hibichi」桌前，把生牛排放在顧問的面前，讓其檢查自己點的牛肉是否是新鮮的、切得最好的，並詢問顧客要什麼樣的牛排。然後將肉切成小塊，並用小刀熟練地、有節奏地切洋蔥，再向烤架上撒胡椒，在烹調時加入了所有的日本調料，最後他將熱滋滋的牛排直接放入顧客的盤內。這種生產和服務方式爲原料供應商和廚房人員的管理上，提出了較高的要求。

原料採購最多的是肉類，只有符合 U.S.D.A.優級的嚴格挑選的腰部嫩肉和去骨的排骨肉才採用。這種牛肉在顧客面前進一步加工，有尾部的一點脂肪留作他用。當廚師開始烹調肉時，他就迅速切下這片脂肪，把它推到一邊，然後再切剩餘的肉。

透過安排hibachi桌可以減除對傳統廚房的重要，這樣餐館唯一需要的有技能的人就是廚師。餐館能夠提供十分周到的服務，並根據餐館客流量是否充足，將勞力成本控制在銷售總額（食品和飲料）的 10% 至 12%。

此外，洛奇還發現食品儲存費和浪費構成了許多餐館管理費用的重要部分。透過將菜單精簡到只有三種簡單的「普通美國人」的正餐：牛肉、雞肉和蝦，洛奇基本上消滅了浪費現象，並能根據肉的價格把食品成本控制在銷售收入的30%～50%。

餐館的運作時間都視當地需求的不同情況而有所變化，但午餐和晚餐時，所有的餐館都必須開放。

四、人員培訓

洛奇認爲廚師是Benihana經營成功的關鍵，因此廚師要經過很嚴格的培訓，所有的廚師都是日本單身青年，並且都是經過兩年的正式學徒生涯學習後「註冊」的廚師。他們在日本接受三～六個月的培訓，學習英語、美國生活方式以及Benihana的特色烹調方式，然後廚師在「商業協議」下被送到美國。

到美國後，餐館還要不斷地對廚師進行培訓。在廚師間存在著激烈的競爭，誰都想使自己的廚藝更加完美、脫穎而出成爲主廚。另外還有一種流動廚師，他們定期檢查每個餐館並參與新餐館的開業。

儘管Benihana公司感到，由於美國的繁榮程度、其他餐館對廚師的需求競爭等原因，從日本吸引廚師及其他人員比較困難。但這些人一旦到了美國，就不急於離開。這是許多因素造成的：一是他們在美國升遷的速度快，Benihana 餐館和日本的僵化的以等級、年齡和教育衡量人的制度完全不同；第二個主要的因素是Benihana餐館對公司員工的如父親對孩子一般的一視同仁的態度。人員得到很好的有形待遇，同時還有以工作的安全性和餐館的員工福利的總協定爲基礎的無形補償。因此儘管大多數人最終回到日本，但在美國該餐館的人員流動非常少。要全面地評價Benihana餐館的成功，就必須認識到在美國背景與日本的家長作風的獨特組合，或者如洛奇所說：「Benihana餐館，我們將日本員工與美國管理技術結合在一起。」

五、組織和控制

Benihana 公司的每個餐館都有簡明的管理機構。包括一名經理（年薪 15000 美元）、副經理（年薪 12000 美元）、可能還有些類似總管的二至三個前台（年薪 9000 美元），此後是正在接受培訓的潛在的經理。所有的經理向營運經理艾倫（ALLEN）作匯報，他再向負責營運和業務開發的副總裁比爾（BILL）匯報情況（見圖 0-4）。

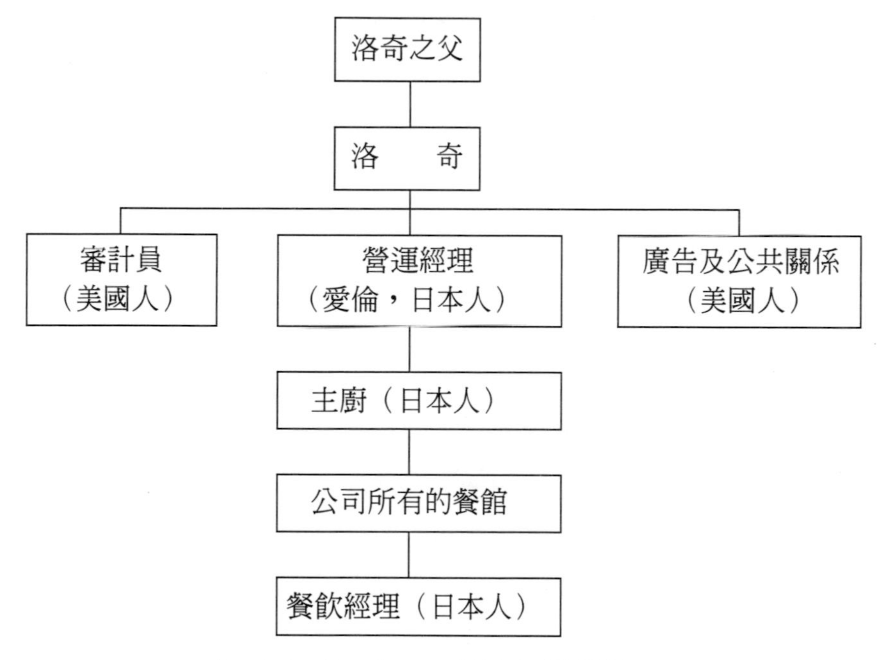

圖 0-4　Benihana 餐館組織機構圖

比爾於1971年來到公司，他曾在希爾頓旅館有過餐飲管理的經驗。他這樣談起他的主要工作：

我認爲，管理成長率應成爲公司的主要目標。我的工作的主要部分就是設定目標，建立目標體系。具體來說，第一步是透過引進銷售目標和預算來建立某種控制系統。最近在紐約召開了經理會議，我要求每位從全國各地來的經理提出年銷售目標，然後將其分解爲月、週、日目標。在與某一位經理就個人的數字比率達成協議之後，又提出了獎勵計劃。任何餐館只要超過，不論是以日、週、月、年的任何數字目標，都可以按比例得到相對的獎金，這個餐館的工作人員也按比例分攤獎金。我也讓會計人員和審計員來監控成本，這是一個雖然慢但卻是很平穩的過程。必須非常仔細地控制我們所能承受的管理費用來平衡需求，我們有財力支付額外的費用，但在公司這一級上必須十分謹慎。事實上，目前公司主要由三個人負責：洛奇、艾倫和我。

六、未來擴張

比爾總結了目前存在的問題：

我認爲目前公司所面臨的最大問題是如何擴張。我們試過授權加盟者特許權的辦法，但由於某些因素的影響而停止。我們將許多特許權賣給了那些尋找投資機會的商人，但他們並不眞正懂得餐館業務，這就是問題所在。我們提供的是日本員工，我們對特許權同盟者不能或不願處理的事情要負責，這使我們很難辦。公司運作的特殊性就決定了由生手去經營會使我們的控制更加困難，最後我們發現擁有並經營我們自己的餐館要更有利些。目前，我們限制每年只開五家餐館，因爲這是兩位日本木匠的最快的工作速度。我們要衡量以我們的餐館類型進入飯店的優勢和劣勢，並面對是否進入的決策。日前已進入兩家希爾頓飯店（拉斯維加斯和檀香山），並且與加拿大的太平洋飯店簽訂了協議。在這些交易中我們所做的是強制執行協議條款，這樣我們不會任憑飯店的管理機構擺佈。

進一步說，我們最大的限制是人員。每個餐館大約需要三十個東方人，十八個人中就要有六個人是受到過良好培訓的。最後還有一個成本因素，每個新的餐館最少需要投入三十萬美元，我認爲在不久的將來應該把自己的事業限制在主要的城市，如亞特蘭大、達拉斯、聖路易斯等，然後我們可以利用這些餐館向郊區擴張。我們曾非常希望走快速增長的道路，而沒考慮成長的完整含義。一個例子是特許經營權的授權，但結果並不令人滿意。另一個例子是一個大的國際銀行組織爲我們提供投資，可以讓我們以驚人的速度成長，可是當我們看到必須放棄控制和自治時，這件事就不值得了，至少我是這樣認爲的。我考慮的另一件事是是否值得進口建築用的每一項材料使得 Benihana 餐館保持 100% 的正宗。美國人眞的欣賞它嗎？值得花那麼多錢嗎？我們可以用美國各地的材料來達到幾乎同樣的效果。同時是否值得用日本的木匠，而讓美國的木匠等著看熱鬧？所有這些都可能省下大量的成本，使我們更快地擴張。

總經理也談到了他對公司未來發展的看法：

我認爲，我們需要在有潛力的地域進行快速的擴張。目前主要有三個這樣的地方：美國、海外和日本。在美國我們需要擴張到比爾談到的沒有Benihana餐館的主要市場區域。但我認爲透過特許權我們也知道了次要市場。儘管次要市場的潛在能力明顯地不如主要市場，但小的餐館帶來的問題也少，而且能產生良好的效益。

另外，還有一個增長性較強市場，那就是郊區。那裡雖然沒什麼建設，配套設施很不完善，但我認爲潛力很大。除此之外，公司還有一種方法實現成長，那就是向現有市場進一步滲透。飽和不是問題，就像紐約和更大的舊金山各有三個餐館，都運作得很好。

成長的同時，我們還需進一步完善公司的管理。公司越大，管理的難度也隨之加大。完善的管理一直是Benihana成功的基石，只有落實這個基礎，我們才能取得眞正的發展。

本案例敘述了一個餐飲企業的成長發展過程。Benihana餐館從一家只有四十個座位的小店，發展到全美的大型餐飲企業連鎖，其成功的原因是多方面的。首先，它提供了一種特色服務產品，迎合了美國人喜愛在異國風格的環境中用餐的市場特點。其二，制定了相應的具有特色的經過精簡的菜單，既能吸引顧客，又能簡化生產流程，方便了生產管理。其三，成功的選址和富有特色的店內裝潢以及裝修。其四，嚴格的生產管理。其五，良好的培訓，有效的激勵，成功地將日本式人事管理與美國技術結合起來。其六，合理的組織機構造就了高效率。最後，連鎖經營策略加速了公司的發展。

可以看出，一個餐飲企業的成功是多方因素共同作用而產生的結果。餐飲管理者只有從全局出發，對企業的選址、菜單計劃、生產流程、組織人事等各方面都實施嚴格細緻的管理，才能實現企業的成功發展。

第一章

餐飲選址與設施規劃

飯店業鉅子希爾頓先生曾說到：「飯店成功的秘訣有三個，第一是地點，第二也是地點，第三還是地點。」這句話說明了餐飲服務地點的戰略性意義。一般來說，顧客都必須親自來到餐飲服務場所參與服務的生產。因此餐飲服務地點的選擇在原則上要接近消費者。而餐飲企業又要在有限資源（如設備、人力）情況下，爲更多的消費者提供產品，這二者就產生了一定的矛盾，從而使服務地點的選擇變得複雜。

一、餐飲選址

餐飲服務地點的呈現爲餐飲企業所在的「位置」，對這個「位置」的理解，可從宏觀到微觀分爲兩個層次：

餐飲服務地點的宏觀位置，這是指餐飲服務地點在一個較大地理範圍所處的位置。如餐飲企業處於某一個國家，或某一國家的某個地理或經濟區域，甚至可以具體是某一國家的某一個城市。

餐飲服務地點的細節性位置，這是指餐飲企業在服務地點宏觀位置之後，在更小範圍內的具體地點。如服務地點設在某個街區，在某個街區的某個建築物旁，與某個停車場相鄰等等。

㈠餐飲服務地點宏觀位置的選擇

進行餐飲服務地點宏觀位置決策，是一個定性分析的過程，需對多方面因素進行綜合考慮。

1. 勞動力成本

餐飲企業大都屬於勞動力密集型企業組織，勞動力成本所占比例較大，應成爲一個重要的選址標準。尤其在開發國家的餐飲企業進行國際化拓展時，勞動力成本因素被列入首要考慮。勞動力成本不能純粹地看工資水準的高低，而是將工資高低與勞動力可能產生的勞動效率結合起來考慮。

2.土地成本

利用或購買土地都需大量資金，這個因素也是非常重要的。

3.能源成本

4.交通成本

餐飲原料是否能在當地獲得供應，對交通成本影響很大。

5.社區因素

這裡指的是有可能對餐飲企業產生影響的當地政治、經濟和文化環境因素，主要包括：地方稅務政策、投資方向政策（如鼓勵或限制某類投資）、政府對某些行業的財政支持、政府宏觀規劃的支持（如配套措施等）、政治穩定性、當地居民對外來投資的歡迎程度、語言問題、配套服務的可獲得性、當地勞資關係、當地勞動狀況、環境保護政策。

㈡服務地點細節性位置的選擇

服務地點的大致位置確定後，餐飲企業還需考慮具體地點上的環境細節。主要包括下列內容。

1.可進入性

公共交通是否能到達，進入地點的公路或入口情況。

2.可見性

招牌設置的可能性，是否臨街。

3.交通

交通擁擠情況，來往的人流量或車流量大小（表明潛在的購買者多少）。

4.停車

有否停車設施是城市服務選址的重要考慮要素。

5.可擴展的餘地

服務地點周圍是否留有擴大服務規模的可能。

6.競爭對手的相對位置

與競爭對手的地點是否過於靠近。

二、餐飲企業的設施規劃

餐飲企業的設施規劃是具體確定企業內各部門的位置、生產服務設施和設備的分布。餐飲企業有明顯的前後台區域之分：前台的區域偏重於美觀並符合顧客的消費習慣，當然也要兼顧服務人員的工作需要；後台區域設計則在於滿足生產的需要，著重於功能性設計。規劃設計的具體標準如下：

1.設施布局的安全性

如消防通道的寬度，防火標誌的醒目，員工通道與顧客區域的劃分等。

2.服務路線的長度

應合理擺放設施，儘量縮短服務路線的長度，減小服務者與顧客的移動距離，爲二者提供工作上和消費上的方便。

3.服務路線的清晰度

設施放置合理，符合消費習慣和工作習慣，並設有明顯指示標誌，使顧客和服務者都能感到方便。

4.員工的舒適度

造就良好的工作環境，有助於提高勞動生產率。

5.管理合作

合理的設施與人員的位置以及良好的通訊工具，使督導和交流易於進行。

6.可進入性

所有的設施設備都有良好的可進入性，方便清潔和保養及維修。

7.空間的利用

空間的利用應兼顧節省成本和達到經營目標兩方面，豪華飯店應有寬敞的大廳，但也應有規劃空間合宜的廚房。

8.符合顧客的消費習慣（這是指餐飲企業的前台設施）

9.長期發展所應有的靈活性

裝潢設計不僅要滿足目前服務任務的需要，還需具有一定的靈活性（如預留擴展空間）以適應服務組織的長遠發展。

兩家餐飲連鎖集團的選址標準

連鎖經營的餐飲集團往往要明確規定其加盟店的選址標準。所有申請加盟者，都必須符合選址標準的要求才可能成爲候選者。連鎖集團以此來確保經營模式的一致性和加盟者的利益，當然這也是一項爲缺乏專業經驗的加盟者，提供的一項專業指導服務。

一家經營休閒餐飲的連鎖集團爲其加盟店設置了如下選擇標準：

1.必須設在至少有50,000人口的城市的中心地帶。

2.餐飲面臨街道的交通量應爲每天20,000車次的通行車輛，且交通通行時爲二十四小時，街道車輛通行的寬度應爲四線道。

3.附近有住宅區、汽車旅館、購物中心或公園。

4.餐館門面至少200英尺，整個餐館的占地約爲45,000平方英尺。如果餐館設在購物中心內，則需具備足夠的停車位和單獨的通道。

5.店面最好具有發展擴大經營的可能性。
6.店面的選擇使經營具有穩定性，不會因某些因素如政府規劃等的變化而受影響。
7.店面具有良好的可見性。
8.餐館的可進入性很好。
9.市政配套設施齊全，如水、電、煤氣，特別是下水管道。

除此九項基本標準之外，集團還針對餐館具體位置的不同，將選址細節做出了更詳細的規定。餐館占地的長寬度至少應爲600公尺×510 公尺，而且駕車者能在餐館前的街道實施左轉彎，進入餐館的停車場（在市區裡，有些街道不能左轉彎）。集團將餐館在街道中的具體位置分爲兩大類型，一種是處於街道兩頭的角落位置，另一種則是處於街道中間的位置。圖 1-1 說明了處於這兩種類型的位置之具體情況。

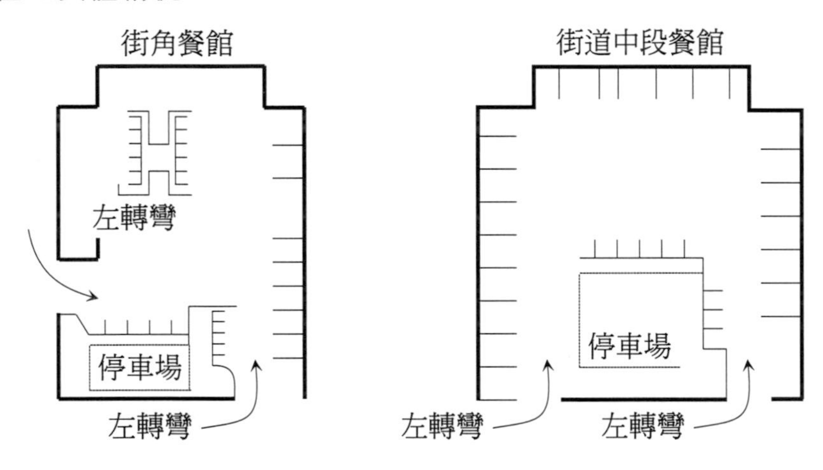

圖 1-1　兩種街道位置的餐館

另有一家經營咖啡和漢堡的速食餐飲連鎖集團（Garl' sJr.）則在

選址上做出了如下規定。

1.若餐館設在購物中心則要求有獨立走道。
2.若設在街區則必須選在有紅綠燈的十字路口。
3.門面至少有四十公尺。
4.在一英里的圓周範圍內至少有12,000人口（最好具有人口增長趨勢）。
5.交通的可進入性很強。
6.交通量很大（包括車流和人流）。
7.所在街區的居民收入和家庭觀念處於中上水準。
8.距商務或公務區很近，或距社會活動較多的區域很近。
9.占地面積一般爲2,760～4,600平方公尺。
10.與其他活動較多的企業，距離在2,000～4,800公尺以內。

集團還鼓勵大部分餐館設置駛入式窗口，爲駕車者提供快速的餐食外賣服務。

優越的地理位置在很大程度上決定了餐館經營的成敗，對於那些提供標準化的速食服務業，這一點尤為重要。因為顧客光顧這類企業主要是為了方便，為了滿足最基本的餐飲要求，而不會「特地」前往某一偏僻地點去享受這類服務。在意義上，提供豪華或特色餐飲服務的企業在選址上可能具有更大的自由度。但是無論提供何種餐飲服務，良好的地段總是能使經營者獲得「地利」，搶占贏得競爭的先機。

本例中的兩家餐飲連鎖集團為我們展示了餐館地段選擇的細節和標準，提出在實施選擇決策時應考慮的主要因素。兩家餐館都強調了交通流量、餐館社區人口、可進入性、配套設施在選址時的重要性，還對門面大小、占地面積要求做出了具體規定。第一家餐飲集團還針對店面在街道的具體位置和相應交通規則的適應性做出了規定，呈現出西方餐飲經營者在選址決策時的認真仔細。在實行中，如果忽視細節（哪怕是一個小小細節，如文中提到的左轉彎問題）往往會為餐飲經營帶來災難性後果。

Carl's Jr.集團的選址標準呈現對家庭觀念和收入等社會因素的重視。並提出了「社會活動較多區域」的觀念，界定了餐館的「鄰居」性質。另外，值得中國餐飲業注意的是「駛入式」窗口在西方餐飲的應用。隨著有車族的增多，提供類似服務成為中國餐飲企業（特別是快餐業）的新經濟增長點。

「奧邦培」的飽合行銷選址

「奧邦培」是美國波士頓一家經營咖啡館的連鎖公司，以提供美味三明治、鮮榨柳橙汁、現烤法式麵包和咖啡出名。該公司在選址上採用了所謂的「飽合行銷」戰略，即在市區和交通繁忙區域密集分布服務點。公司在波士頓地區總共二十一家咖啡館，其中十六家分布於波士頓市中心，另外五家集中在一家著名百貨公司的不同樓層上，該公司與市中心的咖啡館相隔非常近，許多家之間只相距九十多公尺。「我們公司經營的咖啡館之間可像踢足球那樣相互傳球」該公司副董事長路易斯．凱恩說道。

公司對這種選址戰略非常有信心，並準備在其他城市進行推廣，特別是紐約、費城和華盛頓。

雖然地點靠得太近，蠶食了一部分銷售（相互競爭），這已在公司的銷售記錄中表現出來，但是公司的決策者們還是相信，這種選址戰略的利還是大於弊。因爲集中式、飽合式的選址能大量降低廣告支出，方便管理監督，並能形成強大的集團吸引力，把顧客從競爭對手手中「搶過來」。更重要的是這種選址戰略能幫助公司樹立鮮明的品牌形象。

「由於採用這種戰略而形成的公司品牌形象，能成爲促進公司進一步發展的動力。當你想到克洛伊桑特街區（在波士頓市中心），你馬上會聯想到奧邦培咖啡館。」波士頓管理顧問集團的副總裁里查德・溫格認爲。

雖然現在還不能過早地認爲飽合行銷選址已成行銷發展的趨勢，但確實有不少公司朝這個方向邁進。波士頓的一家地方性銀行——貝爾銀行也採用了這種方法來爲自動櫃員機選址。僅在市中心它就有七十五處自動櫃員機，幾乎是主要競爭對手的三倍。「我們無處不在」，該銀行的發言人評論道，「公眾喜歡這樣的服務」。

在美國，最早採用飽合行銷選址的是一家著名義大利的服裝公司——貝納通。該公司就是利用這種方法在1980年代成爲服裝業的巨人。雖然這種戰略有利於整個貝納通公司，但是卻對貝納通的經銷商帶來一些損害。許多貝納通零售店在一個很小的地域範圍內經營，相互之間免不了要相互搶奪生意。鑒於這一點，麥當勞採用了另一種截然不同的方法，他們不願把點靠得太近，免得相互競爭。「我們致力於做好已有店面的銷售，這是我們的發展戰略。」麥當勞的發言人總結的說。

對飽合行銷戰略的局限性，奧邦培公司認爲也是存在的。飽合行銷戰略在市區是行得通的，但在郊區、農村和居民區就很難奏效，因爲奧邦培咖啡廳並非所謂的「目的地餐飲」，只是一種快速、方便餐飲服務的組織，顧客就不會像光顧某些特色餐飲那樣

「特地」驅車前往該地。

奧邦培公司成立於1970年代，由兩家小咖啡館和一個糕點公司合並而成。最初的公司沒有馬上採用飽合行銷策略。像其他快餐連鎖一樣，它在增加了若干新的營業點之後，採用了特許經營的戰略進行擴展。它的連鎖經營點逐步發展至美國東海岸和中西部的地區以及美國的許多機場。隨著這一進程的加快，公司發現在公司的主要領地——波士頓，市區內開店越多，生意越好。於是公司逐步採用了飽合行銷法爲新點進行選址。目前公司已有了七十家連鎖店，平均每家年營業額125萬美元，每週有10000名顧客光顧。

「爲什麼要採用這種方法選址？因爲我們能不斷地賺錢。」公司高層管理人員總結道，「人們只需步行十五公尺就可在我們的餐館用早餐，步行一個街道就能享受我們的午餐。如果說客源市場的分隔牆是街道的話，我們就必須在每個分開的迷你市場中出現。」

當然這種方法的一個局限性就是相互蠶食生意。例如在一家新的分店開業兩週後，鄰近的店營業額就下降了5%，但是四週以後，老店的營業額又恢復到較正常的水準，因爲較遠街區的顧客總是喜歡新開的店，但在幾次嘗鮮之後，又發現還是老店比較方便，於是又回來了。雖然營業額不能完全恢復原來水準，但公司整體營業額卻上升了，新店的利潤足以抵消老店受到的損失。據公司的銷售記錄顯示，一家新店開張四個月後，鄰近街區的老店的銷售下降了5%，約爲75,000元，而新店新的營業額卻有850,000美元，大大地超過了損失。如果不在某個位置開新店，那麼這個地點就可能爲競爭對手所用。

相互競爭造成的營業損失還可被減少的廣告費用所抵消。目前奧邦培公司廣告開支幾乎沒有，而顧客對公司的認知程度卻很高。

「這種認知來自於各分店的類似性」，紐約一家著名顧問公司的副總裁麥克・帕蒂遜認爲，「分店本身就是樹立在各個街區的廣告。這種戰略同時也使公司的管理監督變得容易。管理員每天幾乎檢查所有的市中心的分店。同時，管理員減少，工資成本亦隨之下降。」

飽合行銷選址法，是指在特定區域高密度分布營業點的選址方式。它主要適用於購買頻率較高的便餐及其他小型服務，如小吃、咖啡館、冰淇淋屋等。

這種方法為小型服務業提供了發展的思路。規模量小但如果聯合起來（類型連鎖），統一管理、統一品牌印象、再採用密集式策略，其好處是顯而易見的。首先節省了廣告費，據點多而密集本身就是強有力的廣告。其次簡化了管理，小規模企業的運作本身就不複雜。再次，密集的點有一種壓倒對手的氣勢，也是對消費者的一種持續不斷的消費刺激。當然，有人認為據點過於密集會導致互相搶生意，其實不然，表面上看相鄰的點好像會互搶生意，某一個點可能不是顧客光顧的對象，但它的存在實質上產生一個加強消費刺激的作用，而很可能由於它的刺激作用使下一個點有了銷售的機會。一個公司擁有較多據點，每一個點實質上都可能成為「下一個」受益點。

網路餐廳

資訊技術的發展，尤其是網際網路的發展，以及當代社會人們生活節奏的改變，推動了餐飲業的新發展。在美食之都法國巴黎和附近的城市里昂，出現了「網路餐廳」和「送餐服務」，帶動了當地餐飲消費的新時尚。這些城市的180多家星級餐館聯合登錄網站，建立了一個名爲「吃在網上」的網站，以擴大法國美食的知名度，進一步開拓法國傳統餐飲業市場。

人們可以從網路進入「吃在網上」，鍵入自己所在的城市和地區，並在網站所提供的各種食品名目分類中「點菜」。然後「吃在網上」便能很快地開列出距離最近的幾家餐館及用餐基本價格，人們可就此對餐館和用餐層次進行選擇，並可在網上直接訂座或要求外送服務，無需增加任何額外開支。此外，在巴黎商業區和辦公大樓集中的地方還出現了一種新型服務公司，可以提供商務餐飲服務。公司企業接待客戶洽談業務時往往需要招待午餐，外送服務業可以根據企業預先提出的午餐計畫及時把餐點送到工作地點，而且還可把會議現場臨時布置成餐廳。這不僅節約了時間，還減少了因中斷談判可能對洽談產生的不利影響，頗受各類公司的歡迎。

網路的影響已波及現代社會的各個角落，餐飲業也不例外。本案所提到的多家餐館建立網站，以方便顧客選擇的做法，實質上表明了當代餐館選址的雙重性。目前餐館的選址不僅包括地理上位置的確定，而且還需餐館在「虛擬世界」選擇自己的位置，即在網路上的存在方式。餐館可以建立自己的獨立網站，也可以加入組織的網站，而後者則在某種意義上是採用了「集中式」的網上選址策略，即利用同業集中出現在同一網站，以聚集人氣，供顧客選擇。雖然有些企業在顧客的對比選擇中失利，但從總體來看這增加了點擊率，增大了顧客光臨的比率。而以另一個角度來看，網路的出現使那些原本不占地利（特別是街面可見性較差的）的餐館可以得到多的顧客的注意。而對於那些占有較大地利的餐館則可能是一個挑戰，因為地利不能提供像以前一樣的優勢了。另外網路還為餐館利用外賣和送餐的形式突破地域和場地限制提供了便利，工作用餐服務公司的出現就說明了這一點。

Windy的店面規劃

Windy 是美國三大速食集團之一（另兩家爲麥當勞和漢堡王 Burger King），在全世界擁有數千家連鎖店，提供以漢堡、三明治、炸薯條爲主的速食產品與服務。我們以Windy在美國Wisconsin州的分店爲例。

這家分店位於交通十分繁忙的美國主要公路幹道旁。1990年代初，該店所在位置還是一個小型農場，後被Windy收購，並在此建起了這家分店。

該店整體形狀爲長方形，占地面積約 8,000 平方公尺。主要使用的建築材料是磚、木板與玻璃。該店面向公路，兩側十分開闊，後面有近七十個停車車位。該店側面還設有一個駛入式外賣窗口，爲汽車駕駛者提供方便（他們不用下車就可經過該窗口買到食物和飲料）。

店內總共設有九十八個座位，其中包括十五個四人座、二個三人座、九個雙人座和十四個單人座。用餐大廳的家具爲橡木制，飾有十分漂亮的圖案。天花板爲扇形，上面懸吊著許多綠色植物。用餐大廳中設有服務櫃台，提供餐巾、吸管等小物品，還設有不鏽鋼垃圾桶。大廳邊上還設有自動飲料服務器，顧客可根據需要自行取用飲料，無需排隊購買。用餐大廳約占整個餐廳不到一半的面積。顧客必須在等候服務區（由幾列欄杆組成的通道）排成單行，依次等候到服務台前點餐。服務台後便是廚房區，所有食品加工設備及設施擺放在此。從廚房還可以直接看到前方的服務台。廚房區再往後便是倉庫儲藏區（包括冷凍室、冷藏室與乾貨區）和管理員工辦公室、員工休息室及員工培訓室。倉庫區有一個後門，專供驗收食品原料用。

其整體格局如圖 1-2 所示。

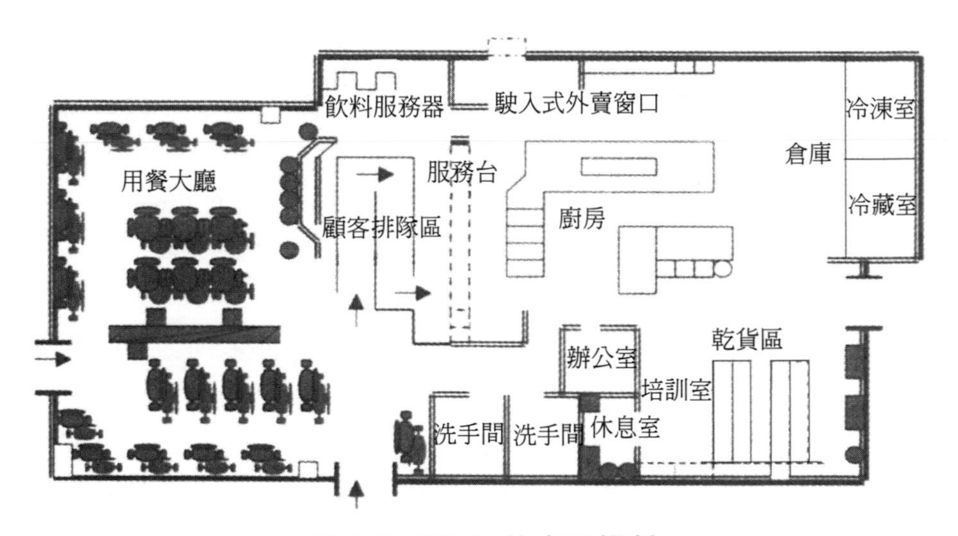

圖 1-2　Windy 的店面規劃

Windy的店面規劃呈現了美式速食經營管理的幾個基本特點。其一，用餐區面積相對較小（則後台面積之比為1：1），後台面積相對較大。這與其大量的外賣（包括對汽車駕駛者的外賣）有關。其二，後台設置專門的員工休息室與訓練室，呈現了管理者對員工素質提高和生活的關心，也表明了嚴格區分客用區和員工區的管理觀念。其三，駛入式外賣窗口的設置，說明此類顧客在Windy的客源市場中占有相當大的比例（約占50%），這也代表了未來速食業必須重視此類顧客的基本趨勢。其四，Windy採用單隊列排隊等候而不是分散多隊排隊，使顧客進入餐廳後無需為考慮加入哪一隊而煩惱，呈現出服務的公平性，而實質上也提高了工作效率。其五，自動飲料服務器的設置，節省了勞動力成本，也加快了服務速度。飲料服務器搬出廚房，也減小了廚房操作的複雜性，使其更具效率。

三元飯店的廚房設施規劃改善

三元飯店是東北某市一家民營中型餐館，可納400人同時用餐，主要提供山東菜。開業三個月以來，營業額呈下滑趨勢。管理者對此十分焦急，遂召集全體中層及基層幹部會議討論對策。餐廳主管拿出一疊顧客投訴信和記錄，提出問題發生的可能原因。開業以來，發生了不少關於上菜速度太慢的投訴，這大大影響了餐廳的聲譽，對營業額的下滑產生主要影響。由於主管的分析有憑有據，大家均同意其觀點。但如何解決這一問題呢？經多方討論並在有關餐飲專家的幫助下，確定主要問題是廚房的規劃不合理。

爲長遠發展，三元飯店的業主決定對廚房設施格局進行全面徹底的改善。爲此業主聘請了某大學服務運作設計的專家C先生來店指導並重新設計。C先生組織了一個設計小組，小組成員包括專業設計人員和飯店的中層幹部。

首先，設計小組對現有的廚房設施及格局進行研究。其詳細布局如圖 1-3 所示。

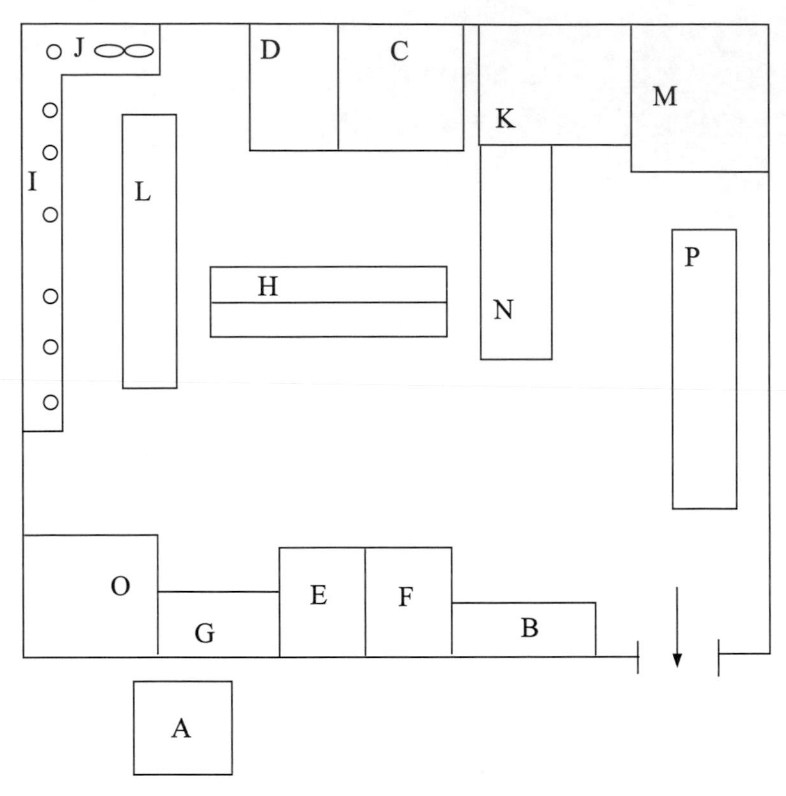

圖 1-3　廚房規劃（未改善之前）

A 原料食材驗收區	B 水產展示櫃	C 冷凍區	D 冷藏區
E 乾貨區	F 臨時儲藏區	G 粗加工區	H 切配區
I 炒灶區	J 蒸灶區	K 燒烤區	L 打包區
M 冷菜房	N 麵點房	O 餐具洗滌區	P 分菜台

根據餐廳的營業特點和廚房工作特徵，C先生判定廚房的規劃屬於一般的流程型格局，決定採用確定生產單位，並對各單位間食材流進量進行合理化的布局方法。按照這種方法的要求，首先要確定組織生產所必需的生產單位，即對生產組織進行合理的部門劃分。劃定生產部門前，設計小組深入廚房工作第一線了解情況，充分聽取第一線人員的意見。後彙總意見進行集體討論，一致認爲應該在現有的廚房生產單位（如上圖所列）的基礎上再增加一個獨立生產單位——燉菜區，因爲燉菜一般烹製時間較長且可以事先烹製，從而與其他烹製單元有著不同的性質，對上菜速度有顯著的影響。

接下來就是計算各生產單位之間的食材流量。要確定各單位之間的相對位置關係，必須根據各單位之間的食材流量大小，流量大者相距近，小者遠，以節省運力提高效率，這是流程型設計的基本工作原理。爲收集到材料流量的準確數據，設計小組再次深入廚房工作的第一線現場對各單位之間的材料流量實施記錄和統計。爲計算方便，設計小組引入了一個概念——一個單位的材料，以概括廚房各單位之間多種類型的材料流（各種食品原料、食具、烹飪器具等，性質形狀各異）。例如，300克豬肉或400克蔬菜或兩個中型餐盤均被視爲一個單位的流量，其餘依此類推。經過近一個月的辛苦工作，設計小組終於得到了一個比較全面的關於廚房各單元之間材料流量的訊息，並把它們繪製成一個可視性很強的關係圖，如圖1-4。

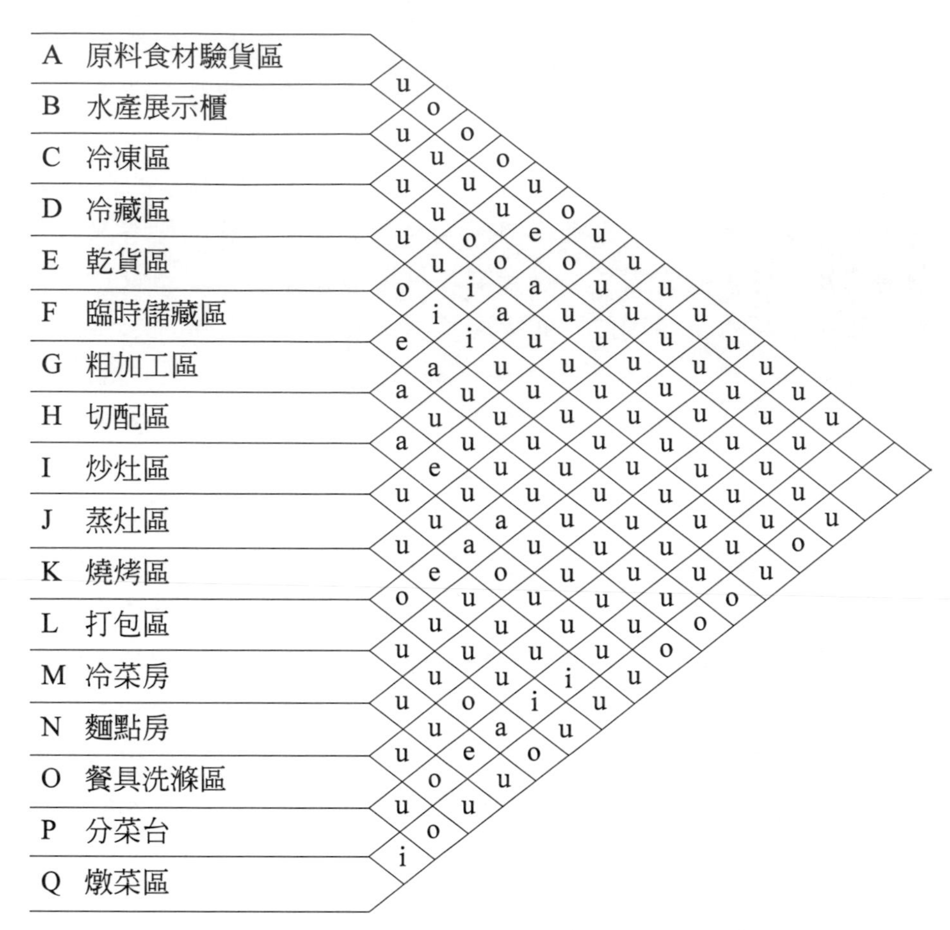

圖 1-4　流量的關係圖

材料流量	表示符號
＞400	a —— 特別重要
300～400	e —— 很重要
100～300	i —— 重要
50～100	o —— 一般
＜50	u —— 不重要

然後設計小組還確定了各單位所需的面積的大小。設計小組實地測量了各設施設備的實際尺寸，聽取廚房工作人員對工作場地的實際要求，綜合各種因素，最後在各單位的面積大小上取得了一致意見。另外，走道的面積被按一定比例攤入各單位的所需面積中。

之後設計小組就可將先前繪製好的關係圖轉化成更爲直觀的聯繫圖，如圖 1-5。圖中圓圈代表各工作單元，它們之間粗細不均的連線表示它們之間不等的材料流量。線越粗，材料流量越大，兩個單元之間的聯繫越緊密；線越細，材料流量越小，兩個單元之間的聯繫越鬆散。但設計小組在繪製此圖時還考慮了菜餚是否能事先準備這一因素，凡是能生產事先準備的菜餚的單位列入同一組，凡是生產按點菜單臨時烹製的單元爲另一組。如果生產單位分屬不同組，則無論它們之間材料流量有多大均不視爲有密切聯繫，而以細線聯繫二者，冷菜間與冷凍間的聯繫就是一例。

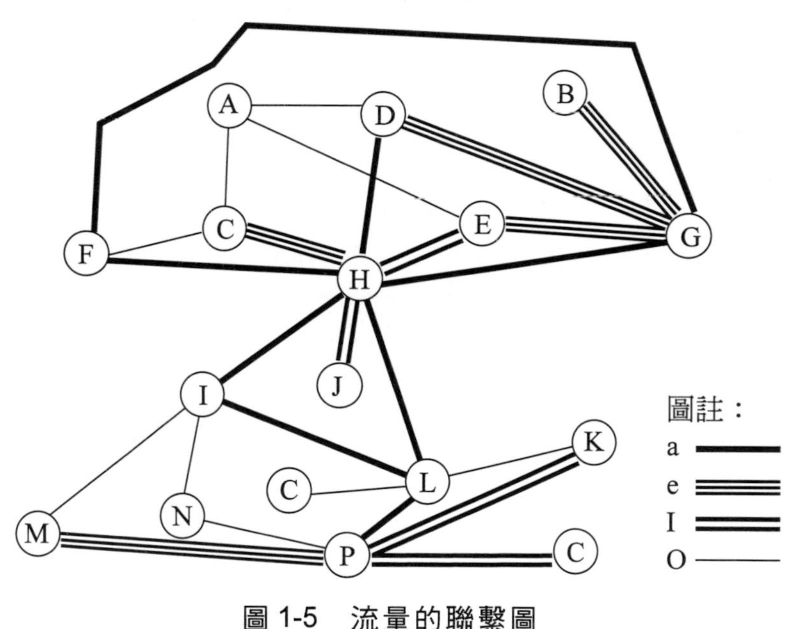

圖 1-5　流量的聯繫圖

最後，設計小組還根據聯繫圖所提供的思路，來確定各生產單位的實際位置。這裡需考慮各種實際限制因素，如房屋的承重牆、柱、樑、下水道走向等。還有，要儘量減少過於「大動干戈」，儘可能地減小工程量以減少施工對營業的影響。最終的平面規劃如圖1-6。改善後的廚房大大地提高了生產效率，主要表現在以下幾個方面：首先，海鮮水產陳列池與粗加工區的距離縮短了，使粗加工員工不必像以前那樣穿過整個廚房，減少了行走距離又減輕對廚房主要工作場所的干擾。同樣，切配區與原料儲藏區靠近了，提高了工作效率。打包與切配間的工作距離縮短，密切了二者的配合。新增的出入口使廚房的工作路線更爲清晰，使髒餐具可從這個出入口進入洗滌間而不需像以前一般穿越廚房了。另外，整個廚房面積也因乾藏倉庫的外移而增大，打包、原料儲藏間的面積都有所增加。

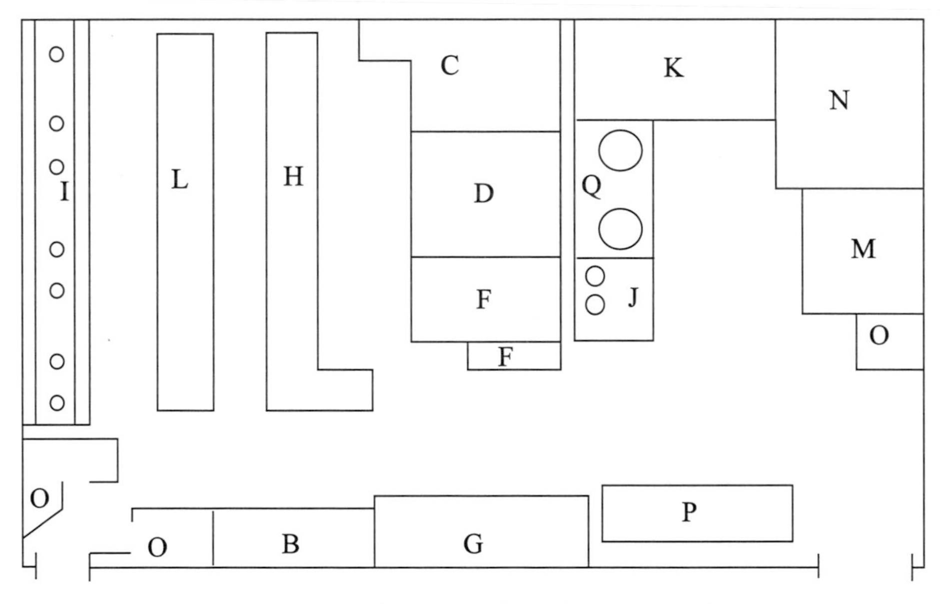

圖 1-6　廚房配置圖（改善設計以後）

廚房改造後，生產效率大為提高，顧客對於上菜太慢的抱怨大為減少，餐廳逐步挽回了聲譽，營業額開始回升。

與快餐廳房不同，點菜餐廳的廚房按流程的方式安排設施，而不是以流水生產線形式。廚房設施配置的合理與否，直接影響廚房的工作效率，從而可能導致上菜速度下降等問題。本案例說明了這一點，也具體闡述了流程型的基本方法與原理。流程型的主要目標是儘可能減少各設施（生產單位）之間的人員、物品流動的成本或顧客在設施之間移動的距離。流程型布局方法包含五個基本步驟：

1. 搜集有關工作中心（設施）和它們之間的人流或物流的訊息。
2. 在第一步的基礎上，畫出呈現這類訊息的示意圖，將人流物流發生最多的工作中心放在一起。
3. 考慮各工作中心的面積要求，並修改示意圖。
4. 根據示意圖畫出設施規劃設計圖。
5. 檢查設計目的是否達到並最後完成設計。

本案例基本依照這一方法步驟完成了對一個點菜廚房的規劃設計，可為需要實施布局改善的類似企業提供參考。

案例六

加州咖啡燒烤餐廳的開放式廚房

加州咖啡燒烤餐廳是美國伊利諾州的一家提供加州式餐食（以咖啡和燒烤爲代表）的企業，位於一棟設有大停車場的商務大廈的附近。它採用了開放式廚房的設計。其平面設計如圖 1-7 所示。

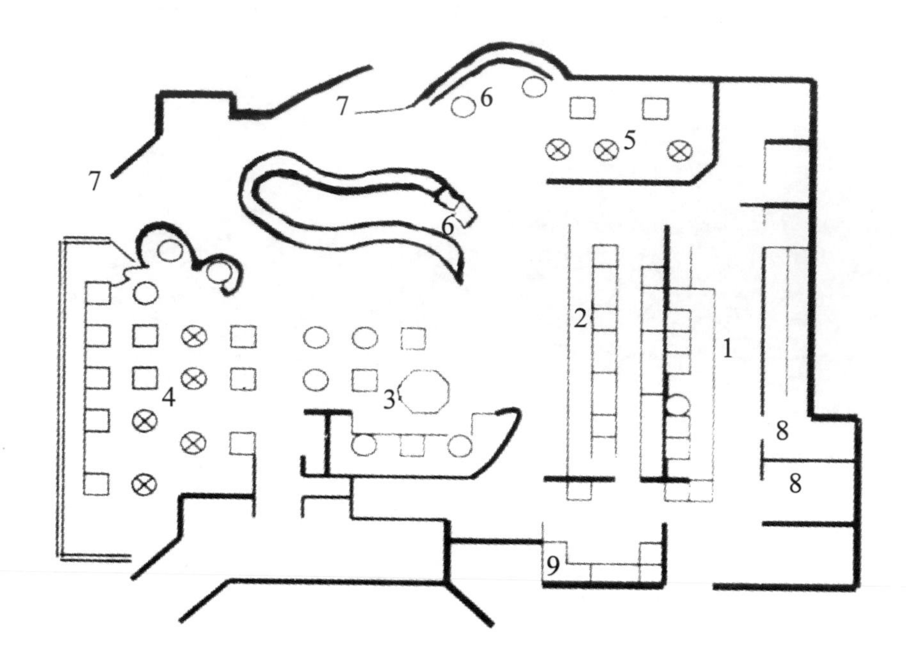

圖 1-7　加州咖啡燒烤餐廳的平面圖

圖註：

1.廚房	2.開放式廚房	3.全開放用餐區
4.半封閉式用餐區	5.包廂區	6.開放式吧台
7.入口處	8.冷凍庫	9.餐具清洗間

餐廳有200個餐位，分三種形：包廂式、半封閉式和全開放式（如圖中的3.4.5.區域所示）。廚房被劃分爲兩大不同類型的區域：封閉式廚房區和開放式廚房區。封閉區主要用於燒烤類菜餚原料的粗加工、切配和其他菜餚的製作，而在開放式廚房區域則從事燒烤類菜餚的最後烹製和切配裝盤。開放式廚房面向餐廳的一面，採用透明玻璃以便於用餐顧客觀看菜餚的製作過程和欣賞廚師的技藝。

所有工作台都是不鏽鋼材質，台面下設有盛裝垃圾的容器，台面上還有用於投放垃圾的小孔。而開放式廚房的後牆則採用了明快色調的瓷磚與不鏽鋼板材的組合，頂部的排油煙機則被裝潢精美的銅質鏤花小格巧妙遮蔽。廚房地面採用防滑瓷磚，原料半成品則置於靠後牆上部的貨架上。

開放廚房區域的頂部採用了可清洗的吸音材料，餐廳區域的地面則較多鋪設地毯，牆面裝潢也多使用軟包，這就大大減少了開放式廚房帶來的噪音。另外，餐廳的照明較開放式廚房區稍暗，從而突出了這一重點展示區，有利於刺激消費、增加營業額。

加州咖啡燒烤餐館在開業以來一直生意興盛，顧客們對其獨特的開放式廚房和吧台設施讚賞有加，認爲這種設計營造了一種更加親密、休閒的氣氛。

廚房區是傳統意義上的「後台區」，一直是不為顧客所知的「神秘區域」。開放式廚房的設計打破了這一傳統觀念的束縛，向顧客展示了菜餚的製作過程和廚師的操作技藝，滿足了顧客的好奇心，也在一定程度上消除了顧客在心理上對餐飲產品的不放心感（顧客親眼看到菜餚的製作），還拉近了餐飲企業與顧客的距離，從而有利於營造一種輕鬆、親密的用餐氣氛，同時也刺激了顧客的即興購買。

開放式廚房適於提供特色餐飲產品的餐飲業，本案例所提及之加州咖啡燒烤餐廳便屬於這一類型。但開放式廚房設計需要更大的廚房面積。一般來說，開放式廚房的廚房面積要比常規廚房多出 25% 左右。餐飲經營者應充分考慮這一點所引起的成本費用的增加。

本案例還說明了開放式廚房設計應注意的幾個要點。一是噪音問題，餐館必須盡量減少噪音源，採用吸音材料以降低開放式廚房所帶來的噪音影響。二是光線照明，開放式廚房應成為餐廳的照明重點。三是對開放式廚房設施的遮蔽式裝潢，如案例中提到的對排油煙機的遮飾和置於工作台下部的垃圾桶等。此外，開放式廚房與開放式酒吧的組合也是本例餐廳設計的神來一筆。

菜單計劃
與
銷售分析

菜單是餐飲業爲客人提供的菜餚種類、菜餚說明和菜餚價格的一覽表和清單，它是餐飲管理的關鍵和中心。餐飲經營管理的所有活動都圍繞著菜單來進行，餐飲業必須做好菜單的設計籌劃工作。與菜單計劃相聯繫的是銷售分析，對營業銷售記錄及與銷售相關的顧客調查進行分析，能發現菜單設計的不合理性，以利菜單的改進。

一、菜單計劃

菜單計劃是對菜單的綜合籌劃。具體來說，菜單計劃需對菜餚的品種、名稱、口味、價格等項目進行綜合考慮，並確定最符合企業生產特點及目標客源需求的菜單結構。當然，菜單計劃還包括對菜單外觀、文字等的設計。

菜單計劃一般由餐飲企業的主要負責人與主廚共同承擔。

菜單計劃是一個複雜的過程，必須考慮客源市場、生產特點等多方面因素，並據此來確定菜單的品種、數量、價格、裝幀設計等各個設計要點。具體來說，一份較爲理想的菜單應符合下列要求：

1. 菜餚的種類安排合宜，能呈現餐飲企業的特色，符合目標客源市場的需求特點，有利於增進銷售。
2. 菜餚品種的數量適中，能適應顧客多方面的消費需求。
3. 菜餚類型豐富，營養平衡。
4. 菜餚毛利率適中、定價合理，能呈現市場供需關係，高中低價位搭配合理。
5. 菜品名稱能準確標明菜餚原料、烹製方法或風味特點。
6. 菜單種類符合企業的生產特點，適應企業的生產能力。
7. 菜單內容眞實、無誤，不會產生誤解。
8. 外觀裝幀設計、文字圖片編排合理、美觀、清晰。

二、銷售分析

銷售分析是餐飲業針對營業銷售情況，進行詳盡記錄的基礎上，對各種銷售數據進行統計分析，並發現顧客消費規律及其他有助於管理決策的資料的過程，銷售分析與菜單計劃緊密相關。

㈠銷售分析的作用

1. 透過對菜單的銷售分析，做好菜式的選擇與調整，掌握餐廳經營中的產品構成規律，以利於菜單的調整與改善。
2. 透過對營業銷售資料的彙總，幫助餐廳對各菜色的未來生產和原材料採購做出銷售預測。
3. 透過對餐飲系統管理參數的綜合分析，對各個不同餐廳加以控制、調節，以保持整個餐飲體系的綜合平衡。

㈡銷售分析的方法

銷售分析方法有多種，如ABC分析法、趨勢分析法等。目前在餐飲界比較普遍採用的是ABC分析法。

菜單ABC分析法是藉用管理學中的分析法，對各種菜式銷售額進行的分析。它根據每種菜餚銷售額的多少，將它們分爲A、B、C三組。

A組：目前的主力菜餚、重點菜餚。

B組：可能是過去，也可能是未來的重點菜餚，可稱爲「調節菜餚」。

C組：銷售額最低的菜餚，又可稱爲「裁減菜餚」。

根據國際餐飲界慣例，A組菜餚銷售額一般占總銷售額的70%，B組占20%，C組占10%。

ABC分析法的主要步驟如下：

1. 統計每月每種菜餚的銷售份數，乘以單價，計算出每種菜餚的銷售額。
2. 求出每種菜餚的銷售額在餐廳菜餚總銷售額所占的百分比。
3. 將每種菜餚按百分比大小，由高到低排出序列。
4. 按序列求出累計百分比，並按上面的比例求出A、B、C三組菜餚。

另外，與銷售分析相關的還有顧客調查，可以看作是一種廣義的銷售分析，餐飲企業可以用它來了解目標客源的基本情況與消費規律，以及對餐飲業服務與產品的評價。

藍海岸餐館的菜單結構評估標準

藍海岸餐館是華東地區一家擁有1,000個座位的大型中餐館，菜餚種類範圍涵蓋川、粵、浙等菜系。餐館於1995年開業，當時的規模只有目前的一半，但生意興隆，口碑極佳。後來逐步發展，成爲當地頗具名氣的大型餐飲企業。目前餐廳利用自己的人才和經驗優勢開始向外輸出管理，尤其是廚房管理。現已接管了六家當地和外來餐飲業，並深受業主的好評。預計日後餐飲業對專業化管理的需求將迅速增長，餐館成立了管理公司，開始將長期積累的管理經驗模式化和規範化，以利於進一步對外輸出管理。

藍海岸餐館管理的優點在廚房運作和菜單設計。每接手一家餐飲企業，藍海岸管理公司都要對菜單進行全面的評估並提出意見。而企業在營運中每對菜單進行一次補強或修改，管理公司也都要重新評估，檢查菜單的結構是否符合公司的標準。

藍海岸管理公司對菜單結構的評估標準主要有六條，並附有結構比例標準（以黑體字加下劃線標出）。具體解釋如下：

㈠口味搭配標準

口味是顧客評菜、選菜的主要依據，所以，一份菜單要具有多種口味的組合搭配，才能符合與滿足不同消費者的口味需求。進行口味搭配首先要考慮到菜餚的地域因素，以此確定整個菜單的「基本口味」。以江浙地區爲例，該地消費者講究菜餚口味的清淡，追求原料本身的鮮味與香味，因此在設計菜單時，必須以清淡爽口、鮮而不膩的菜餚爲主體，以迎合大部分顧客的需要。其次在安排好主體菜餚的同時，還應兼顧個別消費者的特殊口味偏好，適量加入一些其他口味的菜餚。如在江浙地區則可安排一些味道濃、口味重、味型多變的菜色。但是這些菜餚所占比例一般不超過一份菜單的8％～12％。當然，口味搭配的具體比例還應考慮到餐飲特色、季節變化等其他因素。

㈡造型組合標準

造型也是衡量菜餚品質的重要標準，優美的造型可以刺激人們的食慾，爲用餐過程帶來美好的藝術享受。當然，在菜餚結構設計中不僅要考慮到造型菜的作用，在菜單中予以適量安排，還應考慮到造型菜組合的數量比例關係和它的適用性。所以，一般我們提倡造型菜要少而精，這不僅有利於菜餚快速製作，而且還可適當減輕廚房的壓力。特別是單點菜單更應注意在菜色結構中的比例，一般應嚴格控制在3％～5％之間，既可滿足特殊消費者的要求，而且使菜色結構顯得豐富多彩。

㈢製作方法標準

中國菜烹調方法較多，從成品的特點來看，有冷菜和熱菜烹調方式兩種，每種方式又由許多烹製方法組成，用這些製作方法所製成的菜餚均有不同特色。因此在菜色結構當中，每種烹調方法製作的菜餚均應占有一定的比例。值得注意的是：第一，企業應選擇當地消費者所喜好或能接受的烹調方法，作爲菜餚結構的主體，可占85％～90％。第二：可推出一部分能反映企業經營特色、廚師拿手菜，或引入具有一定社會影響的特殊烹調方式，來補充完善菜餚結構。這一類烹調方法應占整個菜單的10％～15％ 之間。

㈣成菜速度標準

餐飲業的營業特點是顧客用餐時間集中，需在較短的時間段內（二～三小時）接待大量用餐者，而生產部門必須在最短的時間內製作好菜餚，並能迅速把餐點提供給消費者。因此，菜色結構設計時更應強調成菜速度，盡可能地採用操作簡便、成菜迅速、可提前大量預製的菜餚。這一類菜餚的比例可控制在 50 ％～70 ％之間，以保證上菜速度，避免顧客抱怨，還可提高週轉率。

㈤原料合理利用標準

餐飲製作容易產生大量的剩餘材料，而往往把它作爲廢料拋棄，這不利於提高菜餚毛利率。如果能將這些剩料充分利用製作成菜餚，在菜色設計中予以「消化」，必將能大大地提高原料的利用率和菜餚毛利率，同時還可以大大減少餐飲垃圾，有利於環保。剩餘材料的開發利用，必須根據原料性質、特點、營養成分等因素，透過合理的烹調來進行，並使其達到食用的要求。如：河魚的鱗含有較多的膠原蛋白，膠原蛋白易溶於水，冷卻後會凝固。根據這一原理，我們可將成菜不用的魚鱗加工成魚鱗凍菜餚，不僅能做到廢物利用，而且又不失爲一道營養豐富、滑潤可口的佐酒佳餚。由此可見，在菜單中適量安排一些利用剩餘材料製成的菜餚（5％左右）有利於改善菜餚結構，豐富菜式品種，提高菜餚毛利率。

㈥毛利率分級標準

價格制訂是餐飲企業經營思路的呈現，它直接關係到企業的經濟效益。因此，一個合理的菜餚結構必須有相互適應的價格體系。價格制訂應考慮兩個方面的因素：第一，毛利率分級因素，設定一個菜單綜合毛利率，在此前提之下企業可以根據市場需求、菜色特點，對不同的菜餚設定不同的毛利率層級，並達成高、中、低等較合理的菜價組合（兩頭小、中間大，即 20 ％～60 ％～20 ％）。第二，競爭因素。目前餐飲業競爭激烈，資訊交流迅速，各餐飲企業類似產品較多，在菜餚定價當中，對於這些相似產品應採取同價或低價策略，而那些獨有並具有一定影響的菜餚產品則可以適當提高定價。

藍海岸管理公司對菜單結構的評估標準，展現了該公司長期從事餐飲經營，對菜單結構設計所積累的寶貴經驗。該標準不僅列出了影響菜單結構的主要因素，對菜單結構設計做出了定性分析，而且依據其豐富的經驗對菜單的各種結構包括口味、造型、製作方法、成菜速度和價格體系等六方面都做出了較為明確的定量規定，具有很強的操作性。

一般餐飲企業設計菜單時，可能有意或無意地運用了以上部分標準，主要集中在口味搭配、造型組合和毛利率分級，但很少考慮兩個重要因素：成菜速度和原料合理利用，這也是許多新開業餐館，常常接到大量上菜速度太慢的抱怨原因之一。這些餐館太過於強調菜單對顧客的吸引力和企業的毛利率，而忽略了商業化餐飲對成菜速度的要求。而在菜單上增加剩餘材料製成的菜餚，則大大提高了大型餐飲企業的原料利用率，使企業能從菜單本身來「消化」由於推出某種菜餚而引起的原料浪費。把這一條列入菜單結構的評估標準，也呈現了一個老牌餐飲業的經驗和對管理細節的用心。

兩家歐洲餐館的菜單設計

歐式餐飲是西餐中風格獨特的流派，其菜餚的選配、菜餚服務方式和菜單的文字介紹及裝幀都具有鮮明的特色。下面是兩家歐洲餐館的主菜單設計。

「歐拉頓」是一家德國餐廳，位於慕尼黑，提供典型的歐陸餐食及服務。其菜單設計亦有不少獨到之處。

菜單從封面到襯頁，每頁都印有一幅別緻獨特的的風景畫——常常是磨坊風車，色彩選擇是栗色或橘黃色。封面是重磅膜造紙，內襯頁是淡棕色八十磅紙。菜餚名稱及分類標題粗大易讀，全用深棕色印刷。菜單大小規格是 33 公分×27.94 公分。菜餚類別一律用兩種文字表達：

Vorspeisen	Appetizers	（開胃品類）
Suppen	Soups	（湯類）
Sandwiches	Sandwiches	（三明治麵包類）
Fisch	Fish	（魚鮮類）
Vom Grill	From our Grill	（燒烤肉類）
Wild	Game	（野味類）

Spezialitalen	Spicialties	（特色招牌類）
Nachspiesen	Desserts	（甜點類）

這份菜單上總共列有二十一道主菜，九種開胃品，五種湯，五種三明治麵包，十二種甜點，內容確實驚人。明顯別於「一般」的是燒烤肉食類和野味類。燒烤肉食類在歐洲人的菜單上是種屢見不鮮的項目，跟美國人餐館裡的烘烤類有相似之處，但其通常包括的內容卻又別於美國的烘烤類。如歐洲人的燒烤肉食類常常有燒肉什錦，這是各種燒烤肉食的拼盤組合。

這份菜單的燒烤肉類中還列上了里脊牛排。牛排的配製、燒烤和菜單上的命名，文字寫得很有氣派，用意在於促銷，此牛排命名爲「亨利四世」精美牛排。大陸式烹調講究調料醬汁之類，所以菜單上都一一標出。除伯爾尼醬汁外，這份菜單上還標有薄荷汁、乳脂醬、紅葡萄酒、荷蘭醬汁和咖喱醬等。

菜單的野味類中，特別令人感興趣的是雞肉拼鵝肝、菇類、優格，還有沙拉。這道主菜搭配得巧妙別緻，充分展示了歐陸風格。

菜單上特色名菜類包括四道小牛排主菜，這當然又是典型的大陸風格。此外，還有雞胸肉（用香檳酒烹調）、小牛肝、豬肉餅等。每道主菜各不相同，配菜也不同。配菜分別爲沙拉、蔬菜和醬汁調料。

提供的各類甜點食品，促銷意識甚強。除了各種乾酪、乳酪，甜點還有水果和各色冰淇淋。晚間甜點又增加了三道火燒冰淇淋。其中兩道是冰淇淋加水果（果醬或鮮水果），澆上烈酒後點火燃燒，能持續燒上幾秒鐘，每每使顧客樂不可支胃口大開。

採用歐洲大陸式菜單，所有菜餚顧客都可以自由點叫。這樣點叫就可使一頓客飯（一湯、一主菜、一甜點）的價格提高到四十馬克（約二十二美元），其中15％是小費，11％是銷售稅。

位於英國倫敦的洲際大飯店的晚餐菜單和甜品單製作也很精美，菜式設計也很合理，有特色。

菜單封面是銀灰色的，圖案和介紹性文字用紅黑兩色印刷。裝飾圖形和文字呈現了1920年代和1930年代流行的藝術風格。主菜單長寬分別為25.4公分和38.1公分，前後兩張封面，內襯共四頁，用紅色絲帶繫紮。甜品單大小16.5公分×22.8公分。單頁封面，內襯四頁，紙質相同，字體與設計也全相同。甜品單還有可夾上夾下的紙片，這樣可以隨時添加或更改內容，而內襯頁就不必因更改而重新印刷。

菜單上開胃品、主菜、甜點及一些罕見的菜餚品類，花色繁多，價格昂貴。儘管這是一份供英國飯店餐廳使用的菜單，但所有食品名稱卻一律用法文表示，只有介紹性文字使用英文。法文標名給菜餚平添了幾分「高級」的感覺，於是標價昂貴也是理當然。

菜單所列的食品類別主要有：

開胃品	13項	雙人客飯	3項
湯類	6項	自拼冷盤	3項
主菜	6項	蔬菜類	14項
海鮮類	9項	甜點類	14項
燒烤肉類	5項		

菜單上所有食品任憑顧客自由點叫，這是昂貴菜單的一大特點。六種湯餚列於甜品單上，不同於美式列單方式，此外美式菜單多數不到多種湯餚。菜單上開胃品和甜點品種特多，可見餐前和餐後的飲食在這裡是扮演主角的。

燒烤類是典型的歐洲大陸式分類，包括牛排、小牛排和羊排。蔬菜類有各式蔬菜任顧客選點，此外還有兩項蔬菜湯：馬鈴薯菠菜湯和野蘑菇、臘肉、洋蔥湯。不尋常的蔬菜單項或多項組合是增加花色品種的途徑之一。

在這裡，菜餚上桌也是別具風格的，如有許多菜餚是在顧客餐桌旁當眾用火燒烤或燒煮的，這被稱爲「燃焰表演」，是法式菜餚服務的特色。龍蝦湯是在桌旁烹調的，龍蝦是將龍蝦調入醬汁加白蘭地酒和鴨臣酒後點火燒烤的。在甜品類中，有草莓加青椒片澆淋雪利酒炙燒，然後配以香草冰淇淋和奶油品嚐。

所有這些現燒現烤的當眾表演，使菜單增加了「興奮」因素。顧客在觀看、品嚐之餘，也深深感到花錢花得值得。

此外，菜單上還印有主廚和餐廳經理的名字。

菜單是餐飲業的產品目錄，必須呈現出鮮明的特色。本案例說明了兩家歐洲高級餐館如何在菜單上突出自己的產品特色。首先，兩家餐館都十分注重菜單的外觀設計，採用了大尺寸、優材質和各具風格的圖案，並都使用了兩種文字表述，呈現出豪華高貴的氣派。其次，均採用顧客自由點餐的方式，增加顧客選擇的自由度，也提高了營業額，呈現了豪華餐館的共同特點。再次，均突出了燒烤類菜餚，表現出歐陸式餐食的主體風格。這一點，德國的這家餐廳表現得更為明顯，英國這家則有些偏重餐前和餐後的菜餚，這是非歐陸式的呈現。還有，菜餚品種均很豐富，每個品種的可選項也很多，這也呈現了豪華點菜餐飲的風格。最後，菜單還列出了呈現特色服務的菜點，如英國這家餐廳的燃焰食品。總之，菜單的外觀、品種、特色菜點等的計劃與安排，都必須突出重點、表現特色。兩家歐洲餐廳的菜單設計為餐飲企業提供了範例。

肯德基進軍香港及大陸的成敗

肯德基對中國人來說並不陌生，它是較早進入中國餐飲市場的西方快餐之一，提供炸雞爲主的美式速食食品。這種由赫蘭迪斯上校在1939年以含有十一種草木植物和香料的秘方，首次製成的肯德基家鄉雞，由於手藝獨特，香酥爽口，頗受世界各地消費者喜愛。到1970年代，肯德基在世界各地已擁有速食店數千家之多，形成了一個龐大的速食連鎖網。

進軍中國大陸之前，它首先把目光瞄準了素有美譽之稱的「東方之珠」——香港，以此作爲進占大陸市場的前奏和跳板。在一次記者招待會上，肯德基公司董事會主席曾誇下海口：要在美食天堂香港開設五十至六十家分店。這並非是信口雌黃。1973年，赫赫有名的肯德基公司信心滿滿，大搖大擺地踏上了香港這個彈丸小島。六月份第一家肯德基家鄉雞在香港美孚新村開張，到1974年，共開設分店達十一家。

在肯德基店中，除了炸雞之外，還供應其他食品，包括沙拉、炸薯條、比斯吉，以及各種飲料。

肯德基首次在香港推出時，發動了聲勢浩大的宣傳攻勢。電視廣播迅速引起了消費者的注意。電視和報刊、印刷品的主題，都採用了通用的世界性宣傳口號：「吮指回味」。聲勢浩大的宣傳攻勢，加上獨特的烹調方法和配方，使得顧客都很樂於一試，而且在肯德基進入香港以前，香港人很少嚐試過所謂的美式快餐。雖然許多速食均早於肯德基開業，但當時規模較小，未形成連鎖店，自然不是肯德基的競爭對手，看來肯德基在香港一片光明。

然而，肯德基在香港並沒有風光多久。1974年9月，肯德基公司突然宣布多家速食店停業，只剩下十四家還堅持營業。其後時間不長，首批登陸香港的肯德基店便全軍覆沒，全部關門停業。

雖然肯德基公司董事宣稱，這是由於租金太高造成資金困難而歇業的，但其失敗已成定局。其失敗原因也明顯不僅僅是租金問題，最爲主要的是無法吸引住顧客。

當時的香港評論家曾大肆討論此事，最後認爲導致肯德基金全盤停業原因是雞的味道、價格、服務和宣傳上出了問題。

第一：爲了適應香港人的胃口，肯德基一律採用了本地產的土雞品種（經營者看來已極具慧眼），只可惜仍採用傳統餵養方式，即用魚肉飼養。這樣，就破壞了中國土雞特有的口味，很令香港人失望。

第二：在服務宗旨上，肯德基採用了美式服務，在歐美的速食店一般都是外食，人們駕車到速食店買了食物回家吃。因此，店內通常不設座位。這跟亞洲人的飲食習慣有很大的區別，亞洲人吃速食喜歡在買的地方進食，經常是一群或三三兩兩同事、好友買了食品聚坐在店裡邊吃邊聊。這種不設座位的做法，無疑是摒除了一批有機會成爲顧客的人。

第三：香港人普遍認爲價格太昂貴，因而抑制了需求量。

第四：在廣告上肯德基採用了「吮指回味」的廣告詞，這在衛生觀念上也很難被香港居民所接受。

究其以上四點，肯德基雖然廣告投入規模不小，並且吸引了許多人前往嚐試，但最重要的是回頭客不多。肯德基還有機會嗎？

一轉眼八年過去了。肯德基在馬來西亞、新加坡、泰國和菲律賓已投資成功。這時，他們準備再度進軍香港。

這次是由香港太古集團的一家附屬機構取得香港特許經營權，首家新一代肯德基耗資300萬元，於1985年9月在佐敦道開業，第二家1986年在銅鑼灣開業。不過這時的香港速食業已發生了許多新的變化，競爭非常激烈。因此，肯德基雖說是有備而來，但要占據市場還比較困難，所以他們在開拓市場時更爲謹慎，在菜色設計、行銷策略上均按照香港的情況進行了適當的變化。

明確目標市場，掌握高級餐廳與自助快餐店之間的機會，新的家鄉雞以一種極「餐館」快餐的形式經營。顧客對象介於十六歲至三十九歲之間，主要是年輕的一群，包括公司的職員和年輕的行政人員。

其次，菜單的食品項目上，除雜項、甜品和飲料外，大多數原料和雞都從美國進口，所有的炸雞都是以赫蘭迪斯上校的配方烹製，炸雞若在四十分鐘仍未售出時不會再售，以保證所有的炸雞都是新鮮的。

在菜單價格構成上，肯德基進行了大的改變。公司將炸雞以較高的價格出售，而其他雜項食品則以較低的競爭價格出售。原因是炸雞是招牌，又極富風味，而其他雜項食品因肯德基周圍有許多出售同類食品的速食店之競爭，降低雜項食品價格，能在競爭中取得一定的優勢。

這些措施終於奏效，肯德基終於被香港人接受了。

隨後，肯德基又乘勝進軍大陸。在大陸各大中城市，肯德基將在大陸的目標市場從年輕人市場擴展到兒童市場。菜單內容則出現了明顯的本地化趨勢，在保留炸雞招牌菜的基礎上推出了較適合中國人口味的一些新品種如：辣雞翅、辣雞腿漢堡等，還有一些兒童套餐也成爲重要的新菜內容。菜單價格則採取了與香港類似的策略。原料供應上，肯德基採取了本地化的方法，同時又吸取了在香港的教訓，並不採用土雞品種，而是美國品牌，以保證美國式的風味。這些措施的採用使肯德基在大陸餐飲市場打開了新局面，並在後來眾多西方速食店，如麥當勞的激烈競爭下打穩了根基，並占有了相當的市場。

速食菜單看似簡單，但經營本身就是要靠數量極其有限的菜式品種來吸引消費者，這反而使菜單設計需要更高要求，要求其菜餚品種更加精煉、更具代表性，更能符合目標市場的特點。

肯德基在香港及大陸經營的成敗牽涉到多方面因素，而究其根本，則是集中呈現在菜單的設計上，尤其是菜餚品種和菜餚價格。菜單上菜餚品種和菜餚價格的設定都必須符合目標客源的特點。從肯德基在香港第一次登陸的失敗，根本原因在於目標市場的不明確，從而選取了不合適的菜價、原料供應方式和服務方式。而之後的第二次進軍香港，肯德基吸取了教訓，首先就明確了目標市場並找到了合適的產品定位（豪華餐廳與快餐餐廳之間），並據此進行了正確的菜單設計，確定的合適品種，對不同品種分別採用不同的訂價策略，從直觀上降低了菜價，增強了競爭力，從而贏得了顧客。肯德基進軍大陸市場，也找對了目標市場，在採用與香港類似的方法降低直觀價格的前提下，對菜餚品種進行了「地方化」，推出了符合大陸市場特點的新品種和服務。

這裡，值得提出的是「地方化」。「地方化」是跨國集團進行市場拓展經常運用的產品改良方法。但肯德基在香港的第一次「地方化」並不成功，顯得不倫不類，還導致了失敗。而它在大陸的「地方化」措施則取得了成功。實質上，對餐飲企業來說，「地方化」是菜單設計對當地市場的適應。餐飲企業在實施這種菜單變革時，應注意不能陷入「四不像」的尷尬境地。

John Smith 餐廳的 ABC 菜單分析

John Smith餐廳是英國愛丁堡市的一家150個餐位的點菜餐廳，以不斷推出新菜吸引顧客而小有名氣。每更新一次菜單（每月進行一次，但每週都有小變動），該店都要運用ABC法進行菜單分析，決定各種菜品的取捨。

具體做法解釋如下，見表 2-1（爲計算方便，表中僅列舉了十一種菜色）。

表 2-1　John Smith 餐廳的 ABC 菜單分析表

序號	品　　名	單價（鎊）	銷售份數	銷售額（鎊）	占餐廳菜餚總銷售額的百分比	排序號	累計百分比	分類
a	特色什錦排	3	200	600	3.40	9	96.43	C
b	香菇蔥蛋卷	2.5	1100	27500	15.60	3	56.34	A
c	加拿大燻鮭魚	3.5	90	3185	18.07	2	40.77	A
d	芥末豬排	6	50	300	1.07	11	100.00	C
e	頂級鮮蠔	12	70	840	4077.00	6	84.40	B
f	煎明蝦	2	400	800	4.54	7	88.94	B
g	馬鈴薯與炸雞	2.5	800	2000	11.35	5	79.03	B
h	炸雞胸	2	360	720	4.09	8	93.03	C
i	牛排	8	500	4000	22.70	1	22.70	A
j	炸魚柳	11	30	330	1.87	10	98.30	C
k	雞尾蟹肉	10	210	2100	11.91	4	68.28	A
	合　　計			17626	100.00			

餐廳已實施電腦收銀管理，每月統計每一種菜餚的銷售份數，再乘以各自的單價，便得到了當月每一種菜餚的銷售額。然後將每

一種菜餚的銷售額除以當月菜餚銷售總額，便得出了每一種菜餚在餐廳總銷售額中所占的百分比。如加拿大燻鮭魚占 18.07 %，而馬鈴薯與炸雞占 11.35 %。而後將這些百分比按從大到小的順序排列，如加拿大燻鮭魚排在第二位，而馬鈴薯與炸雞排在第五位。

而後按排序號的順序，依次計算累計百分比。如排在第一位的牛排，其累計百分比就是占菜餚總銷售額的百分比，即 22.7 %。而排在第二位的加拿大燻鮭魚，其累計百分比就等於本身占菜餚總銷售額的百分比加上第一位的牛排累計百分比，即 18.07 % + 22.7 % = 40.77 %。第三位菜餚的百分比則等於 40.77 % + 15.6 % = 56.34 %（大約數）。依此類推可求出其他的累計百分比。

最後，將位於前 70 % 的菜餚列爲A類，包括i、c、b、k。位於 70 %～90 % 的列爲B類，包括g、e、f。處於後 10 % 的列爲C類，包括h、a、j、d。

A 類是餐廳的主打菜餚，應予以保留和加強。B 類菜餚爲可調節菜餚，餐廳可根據菜餚的市場發展趨勢，在適當的時候加強B類中處於上升趨勢菜餚的推銷，爲替補A類菜餚做好準備。而對於C類菜餚中由於口味、季節、價格、營養等因素作用，銷路不佳的菜餚，應予堅決淘汰。對尚處於C類中的新開發菜餚則應加強宣傳促銷，提高其銷售量，使其在今後的排列中進入B類或A類。

ABC 分析法是管理學中用於分析問題輕重緩急的工具，在庫存、品質管理方面應用很廣。John Smith 餐廳以這種方法來進行菜單銷售分析，根據其對銷售額的貢獻，確定了各種菜餚的重要性地位，從而為菜單更新提供了依據。

但 John Smith 餐廳以銷售額為基準，評估菜餚貢獻的做法還有待商榷。因為餐廳不同菜餚的價格懸殊較大，最大最小者相差可能有十倍甚至更大，銷售額很難反映其受歡迎程度。若用銷售量指標，似乎更為妥當。

案例五

全福喜飯店的菜單銷售分析

全福喜飯店位於英國倫敦唐人街，規模不大，約有200個餐位。提供以廣東菜爲主體，包含多個其他菜系的中式菜點，在唐人街頗具名氣。與其他類似飯店相比，全福喜飯店更注重對菜單的研究和銷售狀況的分析。該店使用一種名爲「菜單銷售狀況表」的工具進行菜單及銷售分析，藉以總結菜餚銷售規律。具體說來，這個工具可以幫助全福喜的管理者獲得以下四種決策資訊。

1. 菜餚銷售量在某個時段的波動規律。如以一週爲時段，週末、週日與一週的其他時間的銷售量差異。
2. 某種菜餚銷售量的上升或下降趨勢。
3. 發現菜餚中最受歡迎和最不爲人所接受的品種，即一個菜單中的「領先者」和「滯後者」。
4. 發現各種菜餚銷售量之間的關係或每種菜餚與全部銷售量的關係。

以上四種資料是該飯店管理者進行菜單計劃的重要依據，尤其在下列三種決策情況下，這些資料更顯功效。應重點加強何種菜餚的促銷工作，擴大或減少何種菜餚的生產量，某種菜餚是否應撤銷或以何種菜餚代替。

其使用的具體方法如下，見圖表2-2。

表 2-2　菜單銷售狀況表

星　期	二	三	四	五	六	日	合計	二	三	四	五	六	日	合計	二	三	四	五	六	日	合計	二	三	四	五	六	日	合計	二	三	
冷菜　日期	1	2	3	4	5	6		8	9	10	11	12	13		15	16	17	18	19	20		15	22	23	24	25	26		29	30	平均數
1.泡菜	54	47	58	83	156	191	499																								
2.涼拌海蜇皮	32	31	37	49	75	52	276																								
3.醬茄子	25	20	31	37	54	35	202																								
4.鳳瓜	29	30	38	52	65	60	274																								
湯菜																															
1.魚頭豆腐湯	45	49	42	54	68	61	329																								
2.番茄蛋湯	13	10	8	15	28	20	94																								
3.魚羹	32	38	36	46	59	48	259																								
熱菜																															
1.蠔油牛肉片	26	30	38	54	66	55	259	21	25	27	32	41	37	186	27	29	32	60	63	42	253										39
2.煨牛肉	38	43	52	62	78	66	339	33	38	45	48	56	47	267	32	40	47	51	68	54	295										50
3.豉汁排骨	45	40	47	68	80	61	341	42	40	48	55	61	42	288	49	45	54	60	72	58	338										54
4.脆炸明蝦	12	15	25	30	44	32	158	18	15	20	26	32	30	141	21	18	23	32	39	31	164										26
5.茄汁剪牛排	8	9	12	18	25	19	91	5	8	11	15	19	20	78	7	6	15	20	24	20	92										15
6.紅燒干貝	21	17	22	31	48	33	172	17	21	23	27	31	26	145	23	32	25	30	35	30	175										27
7.松鼠桂魚	18	22	28	30	27	25	96	17	19	21	26	29	31	143	20	27	25	33	31	28	164										25
8.蔥爆羊肉	9	12	11	15	18	12	77	8	10	12	16	19	15	80	8	17	13	18	20	14	90										14
9.芙蓉雞片	4	2	6	7	9	6	34	2	3	5	9	12	8	39	12	10	8	13	9	12	64										7
10.葡汁全雞	30	28	41	62	68	54	283	29	32	40	49	61	52	263	31	40	51	54	62	50	288										46
麵點																															
1.小籠湯包	30	24	35	51	108	58	306																								
2.水餃	21	20	29	47	96	51	264																								
3.水晶包	41	35	39	48	112	48	323																								
4.鱔絲麵	18	25	34	52	78	50	257																								
5.炸醬麵	11	21	28	35	47	38	108																								
每日熱菜合計	211	208	282	377	463	363	1850	192	211	252	306	361	308	1630	230	264	293	374	423	339	1923										
每日冷菜合計	140	128	174	221	350	238	1251																								
每日湯菜合計	90	97	86	115	165	129	682																								
每日麵點合計	123	125	165	233	441	245	1332																								
每日銷售總額	564	552	707	946	1419	975	5115																								10月份

㈠圖表的簡要說明

最左邊一欄是菜單上所有菜餚品種的列舉，分冷菜、湯菜、熱菜和麵點四大類。右下角的「十月份」爲該表的統計時間段。第二行爲日期（一至三十日）。第一行是相應的星期，且本例假設每週只營業六天，星期一不營業。與各種菜式相對應的數字表示該菜的銷售份數。最右邊一欄的「平均數」表示某菜餚在統計時間段內的平均每天銷售份額，等於在統計時間段內銷售總份數除以統計總天數。

另外，爲了舉例方便，本表中統計了十八天的數據（熱菜）。由於冷菜、湯菜、西點的數據在本例中使用較少，爲方便起見，只統計了六天。

㈡圖表的分析

1. 銷售的週期規律及銷售趨勢

第一週，熱菜中蠔油牛肉片的銷售，星期二爲二十六份，星期三有所下降，從星期四開始又回升，到星期六至最高點，星期日則又下降。第二週、第三週也差不多，從星期二到星期六一直呈增長趨勢，但一到星期日則銷售下降。從中我們可以看出蠔油牛肉片銷售的週期規律，即在一個星期內，週二至週六銷售保持增長，週日則下滑。管理者應結合本飯店的客源結構、經營環境，分析出產生這個週期規律的內在原因，特別是週日銷售下降的問題所在，以採取正確的行銷對策。

同理，我們還可以分析出其他菜餚的週期銷售規律。另外，透過「每日熱菜合計」欄以下的統計數字，我們還可以了解熱菜、冷菜、湯菜、西點四個大類的銷售週期規律及整個餐廳銷售總量的週期規律。

再考察銷售趨勢。以「蔥爆羊肉」爲例，第一週合計77份，第二週80份，第三週90份，可看出其增長趨勢。而「蠔油牛肉片」，第一週合計259份，第二週降至186份，第三週回升爲253份。管理者應仔細分析第二週下滑的原因，整合經驗教訓。

2. 領先者和滯後者

首先要分析「平均數」，「平均數」表示一定時期內某種菜餚平均每天的銷售份數，表示該菜餚的受歡迎程度。我們可以看出，「豉汁排骨」的平均數最大（54），列爲最受歡迎者，煨牛肉次之（50），芙蓉雞片則排在最後，屬最不受歡迎者。其餘可依次類推。這樣我們可以分別列出這張菜單中熱菜的領先者和滯後者。領先者爲：豉汁排骨、煨牛肉和葡汁全雞。滯後者是：芙蓉雞片、蔥爆羊肉和茄汁煎牛排。

領先者是菜單中銷售比較成功的菜餚，反映了顧客對該菜的偏好，是今後菜單計劃中應保持和發揚的菜色優勢。

對於滯後者，則應進行更深入的分析。從平均數角度看，滯後者得分都很低，但分別考察三個滯後者的每週銷售量合計，則區別就很大了。茄汁煎牛排、蔥爆羊肉三週的每週銷售量合計分別爲：91 － 78 － 92；77 － 80 － 90。可看出銷售量變動幅度不大，呈穩定小幅增長趨勢。而芙蓉雞片則爲：34 － 39 － 62，售量出現跳躍性變動，每天之間的銷售量變化也比較大，其銷售總量也是最少的。可以說，「芙蓉雞片」是一道銷售量極不穩定的且銷售量最小的「問題菜餚」，管理者應考慮將其撤消或以其他菜代替。對於銷量穩定的「茄汁煎牛排」、「蔥爆羊肉」，管理者應考慮不予撤銷。一則穩定成長的銷售量使促銷手段的運用成爲可能，而不像銷售量大起大落的「芙蓉雞片」具有相當大的冒險性。二則，這兩種菜的存在，豐富了菜式，增強了菜單的表面吸引力。

3. 各種菜式之間的關係

我們假設，一份菜代表一位顧客。第一週，賣出了 1,850 份熱菜，或者說 1,850 人購買了熱菜，那麼，購買冷菜的人只占買熱菜者的 67 %（1251/1850），而買湯菜者僅占 37 %（682/1850），購買麵點的較多，占 72 %（1332/1850）。這表明，湯菜的推銷還做得不夠，應加強促銷，增加一些湯菜的選擇項。另外番茄蛋湯僅占湯菜銷售總額的 15 %（94/682），表明應加強該湯的推銷或以另一種湯取而代之。

菜單製作是一個動態、連續不斷的過程，需不斷的增補、刪減和更新。對菜單所做的變動不是基於管理者的主觀臆想，而應建立在針對菜餚銷售記錄深入分析的基礎之上，本案例為這種分析提供了一種簡單而有效的分析工具。中小型餐飲業在沒有條件實施電腦化管理的情形下，這個分析工具是十分有效的。當然，已實施電腦化管理的餐廳，運用這一原理建立分析系統也是十分有益的。

本案例所運用的菜單銷售分法類似我們在本章開頭和上一案例所提到的 ABC 分析法，尤其表現在「領先者」和「滯後者」分析。

但上例中的 ABC 法使用的是銷售額，而本例運用銷售量作為衡量各種菜餚對銷售的貢獻，具有更強的合理性。而且此法還能進行銷售趨勢和菜餚關係的分析。因此，此法簡便、易行，可為餐飲企業所廣泛採用。

關於菜餚銷售結構的討論

Y先生是欣星飯店現任餐飲部經理，原就讀於某大學新聞系，畢業分配至欣星飯店任人事部培訓主管，後因工作表現出色被調任餐飲部副經理，主管餐廳服務。今年年初，原餐飲部經理被調至其他飯店，Y先生被任命爲餐飲部經理，開始全面負責餐飲部的管理工作。

Y先生負責的餐飲部擁有一個400座位的餐廳，提供一日三餐，菜餚品種類型較廣，包括海鮮水產和多種家常系列。由於在成爲部門正職之前未深入接觸過廚房生產系統，Y先生花費了許多精力深入廚房了解其工作細節。一個月下來，已基本了解廚房運作的概況，他與主廚的配合逐步有了一些默契。

而此時，飯店準備推行業績考核制度，要求各部門經理根據各部門及職位的具體情況提出相應的考核標準。Y先生很熟悉餐廳服務運作，所以在制訂餐廳主管、領班的考核標準時未遇什麼困難，而當他開始爲廚房人員，特別是主廚設立業績考核標準時，他變得愼重起來。他採取一種較爲穩當的辦法，即向層級類型差不多的餐飲部經理取經，採用了一些類似的標準。其中考核主廚成本控制工作的標準就是「菜餚毛利率」。Y 先生把這條考核標準進行了細化：餐飲部對菜餚綜合毛利率的標準設定爲 42 %，每月毛利率的允許浮動範圍爲 1.5 %，超過此範圍將會視爲成本控制工作不力。然而主廚對此考核標準持異議，認爲「不太合理」。基於一個月來對廚房工作的了解，Y先生認爲這合情合理，如果標準毛利率不設定，那麼如何實施成本控制呢？

爲愼重起見，Y先生與主廚進行了一次長談，討論這個問題。

Y 先生（以下簡稱 Y）：標準毛利率是成本控制的主要指標，以此來考察成本控制工作是應當是妥當的。

主廚（以下簡稱廚）：標準毛利率很重要，但如此單一設定毛利率，我作爲主廚很難實施控制。

Y：你是主廚，你可以從採購、驗貨、倉儲、粗加工、切配、烹製等各個方面實施成本控制，爲什麼說你不能控制呢？

廚：是的，我可以從你提到的這些環節著手實施成本控制，但有一個重要因素我無法控制。

Y：哪一個因素？

廚：銷售結構。

Y：能不能具體一點。

廚：我是指菜餚銷售在毛利率上的分布結構。你知道，一般來說高價的毛利率相對較低，而低價菜的毛利率相對較高。

Y：菜單是你參與設計的，你所說的高低價菜餚的毛利率的差別有多大？

廚：相當大。例如，我們餐廳海鮮類菜餚的毛利率是 28％～30％，而一般家常菜的毛利率則高達 50％，有的甚至有 80％。

Y：我明白了，你是指如果某個海鮮菜賣得很多而家常菜少，綜合毛利率就會下降，如果反過來，綜合毛利率會上升。

廚：是的。

Y：但我認爲，我們餐廳的菜餚銷售結構基本是穩定的，我們根據這個基本穩定的結構來確定標準毛利率不就可以了嗎？

廚：實際上這個結構是不存在的，因爲有很多因素會影響銷售結構。比如原料本身就有季節性，海鮮在九、十月份是上市旺季，而夏季爲淡季。另外，我們還會企劃一些美食節，如以家常菜爲特點的紹興菜。所以銷售結構是不穩定的，而且我本人無法控制它。

Y：有道理。那麼你認爲最好用什麼樣的指標來考核廚房的成本控制工作呢？

廚：最好能將銷售結構與標準毛利率結合起來。

Y：我會讓行政人員把去年的相關營業資料統計一下，分析菜餚結構與毛利率的關係。我會給你一個比較合理的複合式的考核標準。

廚：非常好，您的認眞態度我十分欽佩。

Y：最好能簡化一下問題，你能爲高價菜、低價菜設定一條基本分界線線？

廚：據我的資歷和我們餐廳的實務經驗，四十元是個比較合理的界限。

Y：好的。今後標準毛利率將分幾個層級，不同的銷售結構將有一個特定的標準毛利率。明天我就通知電腦軟體公司，讓他們在我們目前的電腦管理軟體加上一個自動統計項目，每月給我一個有關四十元以上和以下的菜餚的銷售結構的數據。

本案例說明了銷售分析對考察成本控制的重要性。目前，一些餐飲業在考核廚房成本控制時，都採用了標準毛利率而忽視了菜餚銷售結構的影響，從而犯了與本案例中 Y 先生同樣的錯誤。分析銷售結構可以對毛利率的上下浮動有更深刻的理解。如果毛利率上升，並不一定意味著廚房成本控制工作一定做得很好，因為如果銷售的菜餚中，高毛利率的占較大的比例，毛利率上升是一個很「自然」的結果。而如果低毛利率菜餚占結構優勢，即使毛利率下降，也不能說明廚房成本控制做得很差。只有把銷售結構與標準毛利率結合起來考慮，成本控制工作的真實性才會顯現出來。

Duben餐飲連鎖的顧客調查

Duben 餐飲連鎖是美國一家經營日式餐點的連鎖企業，擁有近二十家連鎖店。爲了解銷售狀況和顧客消費規律及對產品服務的評價，該集團進行了一次爲期三個月的顧客調查。每個塡寫調查表的顧客都獲得了該企業贈送的小禮品。調查結果如下表2-3。

根據營業記錄所做的一般性銷售分析，還不足以反映顧客的綜合情況。因此，餐飲企業還需進行一種特殊形式的銷售分析——顧客調查分析。Duben集團的顧客調查為我們提供了範例。

Duben的調查結果反映了兩個方面的重要資訊。首先，調查結果反映了顧客的基本情況和消費規律。如職業、性別、年薪收入、是否本地客、消費目的、消費頻率等。據此訊息，Duben可以知道目標市場的主要特點，並推出針對性服務與產品。其次，調查結果還揭示了顧客對Duben的服務及食品等的評價，以此便可推斷本企業的優勢和弱勢。

表 2-3 Duben 餐飲連鎖顧客調查統計表

你是外地來的嗎？	對食物的評價：	你多久來本餐館一次？
是 38.6 %	好 2.0 %	一周一次或更多 12.1 %
不是 61.4 %	滿意 20.1 %	一個月一次或更多 32.5 %
來這裡是爲了：	優秀 77.9 %	一年一次或更多 55.6 %
業務 38.7 %	對配餐的評價：	年齡：
消遣 61.3 %	滿意 21.8 %	10～20 4.2 %
你住在這兒嗎？	好 33.0 %	21～30 28.3 %
居住 16.0 %	優秀 45.4 %	31～40 32.0 %
工作 35.9 %	對服務的評價：	41～50 21.4 %
兩者都是 45.1 %	滿意 9.8 %	51～60 10.1 %
去過其他城市的分店嗎？	好 21.6 %	61 以上 4.0 %
是 22.9 %	優秀 71.3 %	性別：
否 77.3 %	對氣氛的評價：	男 71.4 %
你怎麼知道我們餐館的？	滿意 6.3 %	女 28.6 %
報紙 4.0 %	好 29.9 %	年薪：
雜誌 6.9 %	優秀 63.2 %	7500～10000 美元 6.3 %
廣播 4.6 %	你是來吃午餐還是晚餐？	10000～15000 美元 14.2 %
推薦 67.0 %	午餐 17.3 %	15000～20000 美元 17.3 %
電視 1.0 %	晚餐 59.0 %	20000～25000 美元 15.0 %
順路 5.0 %	都有 23.7 %	25000～40000 美元 17.9 %
其他 11.5 %	你對餐館的哪一點評價最高？	40000 美元及以上 18.7 %
你第一次來我們餐館嗎？	食物 38.2 %	職業：
是 34.3 %	氣氛 13.0 %	管理 23.0 %
否 65.7 %	準備 24.6 %	技術 26.6 %
是什麼使你來這裡？	服務 16.3 %	白領 36.9 %
美味食品 46.7 %	特色 2.2 %	學生 6.9 %
服務 8.2 %	友好 2.4 %	主婦 5.0 %
準備 13.1 %	其他 3.3 %	沒技能的 1.1 %
氣氛 13.3 %		
推薦 5.7 %		
其他 13.1 %		

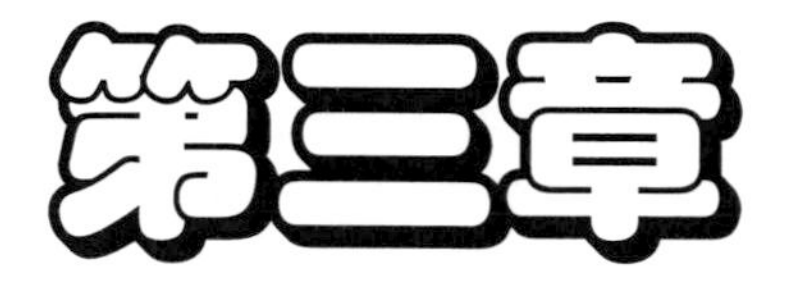
第三章

餐廳管理

餐廳是餐飲企業進行餐點、飲料銷售的窗口，是直接與顧客接觸並爲其提供服務的「前台」區域。

餐廳管理，是在餐飲企業管理者的領導下，執行既定的計畫，組織並運用各種人、財、物等資源，做好銷售、服務以及財產、成本控制和衛生等各方面工作，以提高餐廳經濟效益。

一、餐廳管理的主要內容

1. 建立餐廳服務及管理的組織機構，合理配置服務人手。
2. 制定餐廳工作計劃，有重點、分步驟地列出各項具體工作。
3. 制定嚴格的服務人員管理制度，運用激勵手段，加強人際溝通，使員工在良好的餐廳環境裡凝聚成具有團隊精神的團體。
4. 制定工作規範和相對的服務程序。
5. 控制餐廳服務品質管理工作，提高顧客滿意度。
6. 根據營業情況分派工作任務，安排工作班次，做到既保證服務的需要，又能節省人力成本。
7. 餐廳主要設施、設備的日常維護工作，保持餐廳環境衛生。
8. 餐廳主要用品的成本控制、保管發放和使用工作。
9. 加強與廚房及其他相關部門的溝通與聯繫，保證餐廳的前台服務工作與廚房的後台生產工作協調一致，帶給顧客一種完美的用餐感受。

二、餐廳服務品質管理

餐廳服務是餐飲整體產品的必要組成部分，餐廳服務品質是顧客對餐廳服務的整體印象和評價，是餐飲企業的生命線。加強服務品質管理是餐廳管理工作的首要工作。

實施服務品質管理，目前有兩種模式，一種是全面品質管理（TQM），一種是ISO9000品質管理體系。

㈠全面品質管理

全面品質管理的理論在1950年代由美國的戴明博士提出，而日本人則把這種觀念廣泛地應用於製造業，成就其「品質大國」的美譽。全面品質管理的核心是「三全」，一是全方位，指餐飲企業的每一個職位（包括前後台所有職位）都要參與品質管理。二是全過程，指餐飲企業的每一項工作，從開始到結束都要進行品質管理。三是全體人員，指餐飲企業的每一個職位、每一項工作的員工都要參與品質管理。

實施全面品質管理要做好以下工作：

1. 標準化工作
   餐飲企業應制定嚴格的產品品質標準，包括標準食譜和飲料單以及標準服務程序。
2. 品質培訓工作
   對員工灌輸品質意識並進行本企業的產品品質知識教育。
3. 品質訊息工作
   餐飲企業應及時掌握本行業的品質動態和本企業的產品品質情況，以此作為不斷改進服務品質的依據。
4. 品質責任制度
   建立品質責任制度，落實品質責任人。
5. 品質檢驗
   根據餐飲產品各個生產和服務階段與其中的各環節，確定餐飲產品的品質檢查點，對產品品質實行嚴格檢查。

㈡ ISO9000品質管理制度

ISO9000系列標準是國際標準化組織（ISO）於1987年發布的品質保證標準。這個品質管理與全面品質管理的核心理念十分類似，都是一種全過程品質管理。ISO9000系列標準，是對以往包括全面品質管理在內的品質管理理念的一種總結和具體化、標準化。餐飲企業可參照ISO9000系列標準中的服務業適用標準，參與並透過相應機構的認證。

實施品質管理體系認證的一般過程如下：

1. 準備階段：培訓動員，制訂工作計畫，成立工作團隊。
2. 體系設計：選擇適用的品質保證模式標準（餐飲業適於ISO9002），完善組織結構的職責，針對標準的要求，對照組織的現狀進行診斷，找到不足之處。
3. 文件編寫：編寫各類品質體系文件。
4. 文件簽發。
5. 試實施階段：採取措施以保證按文件的規定實施，保存實施記錄。
6. 內部品質審核。
7. 管理評審：企業內部建立評審組織並對實際運行是否符合標準進行評審，形成評審結論後進行整改。
8. 外部審核前的準備：修改文件，進行對審核的再培訓，選定認證機構。
9. 接受認證機構的認證審核。
10. 審核後的維持與改進。

建立ISO9000品質管理系統，需編寫大量的品質系統文件。其分類與內容如下：

1. 品質手冊

   按規定的品質方針和目標涉及適用的ISO9000系列標準，描述品質系統。

2.品質程序文件

描述爲實施品質系統所涉及到的各職能部門的活動。

3.品質文件

指表單、報告、作業指導書等詳細作業文件。

Burger King的管理職責與員工工作安排

Burger King（漢堡王）是美國最成功的速食連鎖企業之一。在本書中我們還將介紹其格局設計和生產線式的廚房生產運作系統，這裡主要討論其基本管理分工、職責和員工工作安排。

各分店規模不一，人員配備亦有所不同。一般來說，100個餐位再加上一個駛入式外賣窗口是Burger King比較「標準」的規模。如此規模的分店一般有管理人員六名，即一名經理和五名副理。任何時候店裡都會有他們六人中的某一位在值班，在營業尖峰，可能會有多個經理在場。五名副經理每週工作五天，輪流駐店值班。

分店中每位經理的首要職責是：按照公司的指導方針，保證在清潔的環境裡，用優質的產品迅速地爲顧客服務。儘管公司也要求經理有控制成本的能力，但他們的首要任務是使速食店達到公司的服務標準、品質標準和衛生標準。爲了達到以上目標，需要發揮全體員工的能力並保持員工士氣，所以經理首先而且最主要的角色是全體員工的領導。他們要教育新員工、指導分配工作、檢查品質、解決困難、爲員工樹立榜樣。除了這些責任以外，還有其他工作——訂購原料、驗收貨物、檢查並張貼行爲標準（諸如從進門到出門時間和事務處理時間）、檢查一天工作準備情況和尖峰時期的準備情況、制定兼職員工的工作安排表等等。速食店的五名副經理中，有三名主管訂貨、安排時間和早餐服務。

速食店僱用四十五名員工。員工每週工作五到六天，三十五至四十小時，大多數住在速食店所在的區域。在晚上或週末，速食店經常僱用高中生或兼職員工，這一區域被認爲是很難找到員工的地區之一。

員工都需經過副理的嚴格挑選。幾乎沒有人以前曾在漢堡王工作過。員工們按照工作的小時數領取報酬，超過四十小時後付給加班費。平均小時工資爲5.20美元，最低工資爲4.25美元，表現最好的員工每小時可以拿到5.80美元。員工的福利待遇屬於中等水準。

員工每天的工作時間安排都不同，安排整週事務的工作安排表，通常提前一週公布。時間表是爲了反映員工在工作時間和數量上的表現。大多數工作安排每天都會調整，主要原因是鼓勵員工們交叉培訓，這樣做的目的是增加運作的彈性，時間表也有可能因爲其他意外問題而被迫打亂。由於速食店實行交叉培訓，所以採購員知道廚房的運作方式，廚房也知道如何進行採購。交叉培訓所產生的另外一個良好效果，是使員工能夠互相理解對方所遇到的暫時性困難。

由於每天的需求隨尖峰與非尖峰時期而漲落，所以當班員工的數量也不斷變化，以避免在任何時間出現員工過多或過少的情況。爲了滿足時間安排所需的彈性，速食店使用兼職員工，安排他們在不同時間上下班。例如有的員工在下午尖峰時期的前十五分鐘左右來上班。員工們每次工作最少三到四個小時，員工離店的時間由經理決定。如果生意清淡，經理會讓一些員工提前下班；如果生意興隆，員工們就會被要求在預定時間以後下班。最好的員工一般都安排在星期五和星期六的尖峰時間工作。

營運主管和訂餐主管負責培訓新員工。培訓的職位主要有七個（三明治操作台、特殊三明治操作台、油炸台、蒸煮汽鍋、收銀台、駛入式銷售窗口和清潔員）。

Burger King的員工工作安排的主要特點有兩方面。其一：由於實行了交叉培訓（與其工作任務簡化有關），經理可有更大的自由度來排班定人，不會由於某人因故缺席而產生人員調配困難的問題。其二：Burger King使用較多兼職員工（計時工），經理可根據需要靈活安排上下班時間，做到既滿足了服務需求，又節省了勞力。

案例二

華夫餐館的衛生管理日程表

華夫餐館集團是一家總部在美國Alabah的連鎖餐飲企業，非常重視衛生管理。該集團的創始人霍華德·強生，常常會突然出現在某分店的停車場，撿起地上的煙蒂或紙屑，以身作則做好衛生清潔工作。

該集團要求各分店的經理遵從公司統一發布的經理工作時間表來檢查衛生。時間表貫穿一整天，從早上6：30上班時開始檢查整個餐館的建築物外觀，直到晚上9：00檢查完收銀機和補給品時，管理者才能離開。

經理上班的第一件事就是在營業前檢查建築物周圍是否有紙屑、垃圾或啤酒罐。五分鐘後再檢查大門玻璃、地面、貨架、洗手間和櫃台後的地板。上午10：30，餐廳地面必須清掃，下午2：00必須用拖把拖地，下午4：30時，所有的單位都清掃過了。

另外公司還列出了一週的衛生管理時間表，以掌握好重要區域的衛生工作。每天都要對一個或幾個重要的區域進行衛生計劃。星期天打掃後吧台，星期一打掃燒烤架和燈罩，星期二打掃窗帘，星期三打掃天花板和貨架，星期四打掃冰箱和冷氣，星期五清理陳列櫃和音響設備，星期六清洗茶杯、辦公室窗戶和停車場。

公司還設計了衛生檢查項目清單，幫助管理者實施全面細緻的檢查。

華夫餐館經理一日工作時間表

06：30AM　到達餐館

檢查餐廳周圍是否有紙屑、垃圾、啤酒罐

06：35AM　從前門進入

檢查門的玻璃是否清潔

檢查地板，必要時進行打掃

檢查餐廳包廂和衛生間有無污跡等

檢查休息室裡是否清潔，是否有手巾和肥皂

如果需要，清潔公共設施

檢查櫃台的地板是否清潔

查看餐廳菜單是否制定好

06：45AM　做好當日物品補給計劃

在工作前檢查早班員工制服是否統一

06：50AM　檢查收銀機，拿出前一天晚上的錢款並留下當日備用金

07：00AM　如有需要放下窗帘

檢查燒烤架和其他工具

10：30AM　讓服務員清掃地面

11：00AM　記下收銀機的數字

檢查菜單是否有變化，檢查午餐要用的餐具是否已備齊

02：00PM　記下收款機的數字並補充備用金，取走早班的營業額

檢查中班是否著裝統一，視情況拉起或放下窗帘，清掃並拖地，檢查洗手間。讓員工清潔不鏽鋼器具、包廂、廁所等。如有可能，可進行午間休息

04：50PM　檢查餐廳是否清潔、地面、休息室、燒烤區等

05：00PM　記下收銀機的數字，檢查燒烤架和其他工具

08：30PM　檢查燒烤架和服務是否乾淨，爲夜班做準備

08：50PM　檢查夜班員工是否到齊，制服穿著是否得體

09：00PM　檢查收銀機，取走營業款，補充備用金

檢查物品供應情況，及時補充相關物品或向上級提出購貨申請安排晚班打掃衛生

經理一週衛生計畫

每日安排

1. 掃地：11：00AM；02：00PM；02：00AM；或根據需要
2. 拖地：02：00AM；02：00PM；或根據需要
3. 每天清潔前門四次
4. 撿停車場的瓦塊
5. 打掃廚房、椅子並且定時清理廁所
6. 清掃浴室：06：00；11：30；03：00；01：00
7. 打掃門前的人行道
8. 清潔陳列櫃

週日——附加清潔內容

1. 清掃後吧台
2. 清掃前廳通道
3. 擦辦公室窗戶
4. 撿停車場瓦塊

週一——附加清潔內容

1.清理燒烤架

2.清掃拖淨後吧台

3.擦淨燈泡

週二——附加清潔內容

1.清理前後人行道

2.清理窗帘

3.清理櫃台和馬桶

4.清理等候的椅子

週三——附加清潔內容

1.清洗窗戶，清潔前門

2.用清潔劑清潔桌椅

3.清洗燒烤架和加熱器

週四——附加清潔內容

1.清洗後吧台、書架和抽屜

2.清洗收銀台和抽屜

3.清洗天花板

4.清洗洗碗機

週五——附加清潔內容

1.清洗更換的窗帘

2.撿停車場石塊

3.清洗樣品盛器

4.清理音響設備

週六——附加清潔內容

1.停車場石塊

2.清洗公布

3.清洗辦公室窗戶

4.檢查菜單清潔情況

表 3-1　華夫餐館檢查清單（以衛生為主，兼顧其他）

檢查地點________　日期________　時間________　星期________

請逐一檢查下列項目，並在 YES、NO 欄中打勾標明其是否符合公司的衛生標準。

項目	YES	NO	項目	YES	NO	項目	YES	NO
1.外部環境			4.男洗手間			8.冷凍庫		
停車場			地面			地面		
植物、草地			馬桶			牆面		
人行道			小便池			頂棚		
·			香皂			·		
·			·			·		
·			·			·		
·			5.女洗手間			·		
·			地面			·		
·			牆面			·		
2.內部環境			鏡子			·		
地板清掃			·			9.員工		
門把			·			制服		
窗戶			·			頭髮		
·			·			工作帽		
·			·			鞋		
·			6.廚房			·		
·			地面			·		
·			牆面			·		
·			頂棚			·		
·			工作台			·		
3.設施設備			·			·		
燒烤架			·			10.服務標準		
收銀機			·			打招呼		
·						服務時間		
·			·			合作		
·			7.洗碗間			顧客意識		
·			洗碗機			烹調時間		
·			碗櫃			服務次序		
·			·			反應度		
·			·			經理形象		

檢查人簽名　　　　　　　　　　　　　　經理簽名

（註：本表僅列舉了部分項目）

清潔衛生工作是餐館管理的另一個重要環節，這項工作牽涉到餐館形象和食品安全等多方面。衛生管理的基本特點是重複性大、細小、繁瑣，做好這項工作需管理者具有極強的意識和細緻耐心的工作態度，華夫餐館創始人就以身作則的呈現了這一點。當然光有意識還不夠，正確的管理方法也是十分重要的。華夫餐館根據衛生工作的特點，設計製作了規範的管理日程表和檢查工作清單，使這項工作實現了標準化。這些表格簡單明瞭，能提醒管理者「在什麼時候應做什麼事」、「哪些工作應該做而沒有做或未做好」，從而使管理工作有條不紊，能兼顧到各個細小環節。使用標準化的統一表單，對於連鎖企業加強控制、統一品質標準也是很有幫助的。

案例三

自以為是的餐館老闆

張某是北京某著名餐館的主管。該餐館一直經營粵菜，生意不錯，但最近營業額出現下滑跡象，回頭客比率有了較大幅度的下降。張某與一批朋友聊天中，道出了其中隱情。

「我們的餐館是一家經營粵菜的老店，前來光顧的人基本上都是衝著這一點來的。但是不久前，老板卻聘來了一位做川菜的廚師，添加了不少川味菜，這樣，弄得餐館就有些不倫不類了。有不少老顧客點菜時，往往會感到很驚訝，問我們怎麼添了那麼多川菜？粵菜與川菜分屬於不同的菜系，而且風格迥異，把它們混在一起，就會讓顧客產生誤解，是不是餐館裡的粵菜師傅辭職了，才換上了川菜師傅呢？有了這種誤解，顧客對餐館的信任度便降低了。近來我就發現，一些老主顧到這裡的次數越來越少了。」

「對這個問題，你爲什麼不向老闆報告呢？看到問題而不報告，你可是失職呀！」朋友們以略帶責備的口吻對她說。

「哎，你先別怪我。我可是從正規的餐飲學校畢業的，也是一個有職業道德的人。其實，從我發現餐館裡發生的問題後，便馬上向老闆作了報告。」

「老闆是怎麼說的？」

「他根本就不聽。他說我有些小題大做，並告訴我說，我們接受新事物都是有個過程的。我們畢竟剛引進川菜，慢慢地，顧客就會回流了。」

「他爲什麼聽不進你的話呢？在別的問題上也是這樣嗎？」

「他一向都聽不進別人的話。不僅我的話，而且其他員工的話也一樣聽不進；不僅這一件事，而且在其他事情上也是如此。」

「你問老闆爲什麼聽不進別人的話，說穿了，就是因爲他素質差，總是自以爲是，而且把面子看得十分重，一向認爲自己決定的事就是完全正確的。再加上他開餐館已經有四、五年了，靠這個賺了不少錢，以前的成功，更加助長了他的自信。但他不知道，他之所以在前幾年能賺錢，就是靠了粵菜大流行這一股風潮，而且這裡競爭者少，方圓數千公尺內都沒有類似的餐館。」

「這麼說，他的成功基本上是靠運氣，而不是高超的經營管理技巧。」朋友們說。

「可以這麼說。」她肯定地回答。

接著，她又補充說：「在添加川菜這件事情上，他聽不進別人的話的，原因還有一個，那就是出這個主意的是他的親弟弟。據說，他弟弟認識幾位做川菜的廚師，是在別人的慫恿下才想出來這樣做的。」

「簡直有些滑稽可笑，這樣開餐館，豈不是過於荒唐了！」朋友們不無感慨地說。

「事情就是這樣荒唐，局外人往往不了解內情，不知道其實很多餐館的老闆都是這樣荒唐的。他們做決策，下決定，幾乎都是自以為是，從來不聽別人的意見，也不容許別人提反對意見，這種情況，像我這樣的人才會說出來，其他人都不願意說，因為說了也沒用，白費唇舌。我覺得你們是在調查研究中國餐飲業的現狀，所以告訴了你們，希望能藉助你們的筆觸，刺激一下這些餐館的老闆們，促使他們清醒過來，也好讓中國的餐館業能有一個大發展。我國已加入 WTO 了，身為中國人，我總覺得替中國人工作總比替外國人工作要好些。如果中國的餐飲市場被老外給佔領了，我不就得面臨失業的危險嗎？」

本案例揭示了私人餐館老闆們常犯的一個錯誤。很多老闆，特別是那些由於偶然機遇而「發」起來的，很容易被成功沖昏頭腦，開始變得盲目逢信，開始相信自己的「直覺」，與員工的距離開始越拉越大，這實質上可能蘊藏著某種危機。過度的自信和疏遠下屬，只會使自己變成「孤家寡人」，從而逐漸與外界的真實情況相隔離，最終會閉塞視聽，導致管理決策失誤。本案例所引用的這個個案很值得餐飲管理者們，特別是私人餐飲業主的深思。

日本銀座一家高級酒吧興盛的秘訣

銀座是日本東京的鬧區，區內酒吧林立。酒吧之間競爭激烈。

戰後數十年來，銀座一流酒吧盛衰的變遷沿革之精彩，完全能夠寫出一部出色的歷史小說。在這榮枯興衰的歷史長河中，有一個酒吧，居然從銀座的全盛時代到當前的不景氣時期，始終保持久盛不衰的強勢。這個酒吧之所以如此，是因爲有一位美麗、熱情的老闆娘。她在店裡始終貫徹了「一切爲顧客」的服務宗旨。

這個酒吧的氣氛寧靜、高雅，店內沒有採用流行具輕浮之感的大鏡子和大理石做裝飾。從業的女服務員是經過嚴格挑選的，特別注重容貌的端莊和頭腦的聰敏。一旦錄用，女老闆就像對待自己的親生女兒一樣，對她們進行嚴格的教育，尤其在接待的禮節方面絕不含糊，要求她們嚴格執行如下規定：

1. 禁止穿著過分花俏的服飾。不許濃妝艷抹和不自然的染髮，服從以老闆娘爲中心的禮賓委員會成員的指導。
2. 嚴禁在顧客面前兩腿交叉地站立和在店內抽煙。此外，除了接待，絕不許陪客吃喝。
3. 經常注意店內的清潔衛生。店內如有掉在地上的垃圾必須拾起。要用抹布擦乾淨洗手間地上的水漬，將手紙疊成三角形。

對於違反上述三條基本規章的人，視情節輕重酌情扣分。

由於酒吧服務員的大量工作是在夜晚，所以，老闆娘特別致力於提高女侍者的服務水準和健康。使她們時刻注意自己自然內在美的氣質，同時，不斷提倡和鼓勵她們白天進行體能鍛練。禁止在店內陪客飲食，固然是爲了替客人省下多餘的開支，而且也是爲了身體健康。爲了提高全體員工的工作積極性，在生活方面老闆娘事事處處都爲員工著想、排憂解難。每個人的婚喪等終身大事就更不用說了，就連私人的一些生活小事，老闆娘也關懷備至。女服務員被老闆娘周到的關懷所感動，以更自覺、更優質的服務回報。因此，該店久盛不衰，收入也比其它店多。此外，這個店與眾不同之處還在於它擁有數量可觀的常客和不斷增加的新主顧。

老闆娘親自在店裡工作是十分重要的。一些瑣碎的事情，由女服務員去分擔，她自己卻常常守在門口。客人一到，便馬上前去熱情接待，並且迅速判斷來客是私費還是用公款。同時暗示會計分開核算，對於私費顧客以降低部分價格的辦法優惠。

此外，老闆娘還透過聊天，在顧客入座之前，掌握來客是否已經吃過飯，是剛打完高爾夫球回來，還是空腹而來，或是在其他酒館喝了酒，肚子已經飽了等情況。並將這些情況通知調酒員和備菜員。

首先備菜員根據手中掌握的顧客記錄，酌情選菜。對於那些吃過飯的，則選擇一些簡便的飯菜或水果。對於剛剛比賽完高爾夫球或空腹的顧客，則儘快端出拿手的、豐厚的飯菜。這和其他酒吧不問對象、千篇一律地拿出飯菜的拙劣服務相比，確有天壤之別。

有的酒吧令人感到最不滿意的是，不問客人是否已用餐，通通用大盤子裝上早已配好的飯菜，以及缺乏誠意的服務。更有甚者，儘管顧客一再聲明自己已經吃過飯了，但還是不停地給顧客上菜、上飯，並若無其事地說：「因爲是套餐，價錢都一樣。況且，女服務員還陪您一起吃呢……。」

再看那些酒吧的女服務員，她們在座位間走來走去，隨便點一些比顧客喝的價錢還貴的飲料（因爲這筆錢由顧客一方承擔），要來的飲料她們只沾一口，便放下杯子，又跑到別的座位上去。所以，桌子上無主的杯子隨處可見，以上情景在其他酒吧屢見不鮮。

其中還有的老闆讓女服務員儘量多要客人點飲料，透過讓顧客承擔費用的做法來增加收入。而那些女服務員所點的飲料，是一些看上去像酒，其實是帶顏色的水。

銀座的這個酒吧與眾不同的是，對於初來的顧客，老闆娘讓不同的女服務員交替著去接待，然後再固定一個客人中意的女服務員。從第二次起，便讓那個女服務員專門接待這個顧客，並透過談話全面了解顧客的嗜好，將顧客的嗜好認眞詳細地做好記錄，以求做到盡善盡美的服務。

老闆娘還十分注意了解常客的晉升、調動、紅白喜事、孩子、孫子的出生、入學等情況。出外旅行時，想著帶回一些當地的土特產品，作爲禮物，送到那些常客的家中。顧客生日那天，還記得送上一條顧客中意的領帶。

總之，無論何時何處都以顧客爲主。於是，顧客就覺得這家店特別尊重自己，是自己所要尋找的、最理想的天地。

一些過去喜歡在銀座一帶喝酒的人常常嘆息說：「現在的酒吧眞沒勁。」的確，有些酒吧明明沒有那麼好的服務，價格卻貴得驚人。稍稍坐一坐就要一萬日元，一杯就要兩萬日元。坐下來喝幾杯、聽上兩段歌曲就要三萬日元。如今，用公款吃喝的人越來少，如此昂貴的價格，自然使人望而卻步。

銀座這家高級酒吧經營成功的秘密在於兩個方面。

第一，女老闆成功地實施了對女服務員的管理。藉著兩個字：「嚴」與「情」。待人接物方面，她要求女服務員們嚴格遵守多項規定。而她又對員工的生活、身體健康十分關心，以致她們被「周到的關懷所感動」，從而回報以更好的服務。另外，一般酒吧的老闆常常或多或少地暗示女服務員們在待客時表現曖昧些，以此來吸引顧客。而女老闆卻反其道而行，這自然又增加了服務員們對老闆的好感，感覺老闆並不是用她們來「吸引」顧客，自然會以誠相待。

其二，女老闆能以誠待客，不以某些所謂「技巧」來增加消費，自然也感動了顧客，生意必然興隆。另外，對常客的關心和服務也是其成功的原因之一。

陳經理的兩難

陳先生是某飯店餐飲部經理。餐飲部有一個餐廳和一個酒吧。酒吧設在飯店大廳二樓的一角，供住宿客人休閒品茗，有時也有一些店外散客來此消費。酒吧約有二十幾個座位，主要供應茶水及各種軟性飲料，夏天供應少量冷飲、冰淇淋。營業額較少，月平均不到12000元。營業時間從上午9：00到晚上12：00，服務員按兩個班次輪班。

在旅館未實行部門責任制之前，陳經理按規定配置，在這裡安排了三人（每個班次），即一名服務生、一名酒水員和一名收銀員。

後來飯店爲加強部門積極性，促進各營業部門加強內部控制，再展開多種營利活動，推行了部門責任制。飯店爲各營業部門立下了成長指標並列出了相對的獎懲措施。下達給餐飲部的年利潤指標（經營利潤）爲110萬元。

陳經理分析了營業結構，決定集中力量於餐廳。而對於酒吧，因考慮到規模太小，位置亦太偏，陳經理覺得只要掌握枝節工作就可以了。他估算酒吧，月營業額按12,000元計，飲料成本約占30%

即4,200元，酒吧工作人員共6.5人（每班三人，每天二班，休息日由餐廳員工代班），每人平均工資約700元，月工資總額爲4,550元，再扣除稅金、折舊、能源等費用，酒吧幾乎是保本經營，甚至會出現虧損。

於是，陳經理考慮了一個減少人事成本的方案。將目前的每班三人減至一人，將飲料、服務兩個工作合併，收銀工作則由樓下櫃台收銀兼任。方案實施後，每月人事成本由原先的4,550元降至1,750元，酒吧實現了轉虧爲盈。但陳經理發現，酒吧營業額略有下降，而且出現了服務員作弊私吞營業款的種種跡象。原來，來酒吧消費的客人中，有相當一部分不會向服務生索取發票、收據或任何憑證，而且大部分顧客都喜歡點茶水。單獨在酒吧工作的服務生可能自帶茶葉進店（很易藏匿），提供茶水後可私自收取營業款（對於不要收據的消費）而不上繳。

本來，陳經理非常清楚酒吧人員如此配備的弊端，但按正規配置又太費人手。目前，非正規配置人手引起的問題業已暴露，陳經理爲此陷入兩難境地。該如何應對呢？與協理商量後，陳經理老慮了兩個解決方案。一是將酒吧外包出去，但這必須徵得老闆的同意；二是採取頻繁換人的方式儘可能減少員工作弊的可能，因爲新員工作弊的可能性和隱藏性較小，但這容易引起服務品質的不穩定。考慮再三，陳經理還是選擇了後者。這一辦法實施後，酒吧服務員作弊現象有了一定程度的減少。

中小型餐飲業或飯店的餐飲單位經常會遇到案例所提到的兩難問題。從財務控制和規範管理的角度出發，營業單位配備「全套」人員是必然的。但從經濟成本來看，中小型企業又無法承受正規配置所帶來較大的人力成本。一些飯店「大廳」的人員配備就屬於這類讓管理者頭疼的兩難問題。案例中提到的解決方案具有一定的可行性，尤其是以「頻繁調動」的方式解決此類問題具有一定創意。在整體服務要求比較嚴格的旅館，外包方式往往不為高層管理者所接受，採用此法不失為一種可行方案。

案例六

成本管理的誤區

杭州市區近幾年如雨後春筍般冒出了許多中高級大型餐館，又新開了幾十家中、高級旅館，使得杭州餐飲市場的競爭異常激烈。杭州市區有一家多年前開張的四星級旅館，一直由外國著名管理公司管理，總經理由外國人擔任，但每位總經理的任期最長也不超過二年。旅館處於黃金地段，地理位置絕佳，開幕後生意一直不錯，但由於近幾年周邊新開了多家三星級以上旅館，又出現了幾家面積達萬餘平方公尺、裝飾豪華的大型高級餐館，以及多家面積雖小卻很有特色的小餐館，使得非住宿客人到旅館餐廳用餐大爲減少，而住宿客人也紛紛外出用餐，旅館餐飲生意日漸冷清。爲了扭轉不利局面，旅館高層要求管理人員更新觀念，在原有規範管理基礎上，強化成本管理，引入諸如「零庫存」之類的理念、方法，重新制定了部門考核制度，對餐飲部根據成本、衛生、品質、進度等指標每月進行考核。對連續三個月無法完成任務，即使工作勤懇、任勞任怨，所謂「無功勞有苦勞」者亦要免職。

由於在指標體系上成本排在首位，考慮到領班是現場管理者，餐飲部經理把降低、控制成本的責任授權到領班一級，與領班的考核結合。領班們從以下幾方面，制定了具體方法和措施並反覆向員工強調：⑴節約水電，具體嚴格規定了各區域燈的開關時間，及時關閉不需要的燈。水能少用就少用，能重複用就重複用。⑵嚴格控制一次性物品的使用量，能延長使用的儘量延長使用。⑶能再次使用的物品一律回收利用。

方法和措施實施後，餐飲部成本確實控制在允許範圍內，但出乎意料的是，旅館總體成本並未有較明顯的下降，並且客人的抱怨大大增加，以下是旅館經理了解到的部分情況：

1. 嚴格執行規定引起抱怨。如某晚七點多，有九人到餐廳包廂用餐，目的是爲一長輩慶祝六十歲生日。服務員到九點半見此包廂客人還沒有走的意思，此時其他用餐的客人均已離去，規定的關燈時間到了，爲了催促客人，服務員想出了假裝停電關燈的方法，結果引起客人大爲不滿，投訴到大廳副理，館方只能道歉外加打折、送蛋糕。
2. 對客人要用到的單次性物品，以「用完了」爲藉口。有一次一個辦了三十多桌婚宴的客人要打包袋，領班只給十個，並說「用完了」，客人很惱怒地要投訴。
3. 對計入本部門成本的物品，服務員千方百計到其他部門「借用」，以降低本部門的成本；而對不計入本部門成本的物品和費用則鋪張使用。如對布巾的鋪張使用，大大增加了洗衣房洗滌費用。
4. 對客吝嗇，員工自己私用卻十分大方。如餐巾紙，客人每位只提供一張，多了沒有，而服務員自用卻隨便拿。
5. 使用從衛生考慮不能再次利用的物品。如再次回收使用水果、蔬菜製成的盛器等。

成本管理是管理者在滿足顧客需要的前提下，在控制成本與降低成本的過程中，所採取的一切手段，目的是以最低的成本達到預先規定的品質、數量和交貨時間。按其目的和方法可分為成本控制和成本降低兩種。

成本控制的基本原則有：1.經濟原則，即因推行成本控制而發生的成本，不應超過因缺少控制而喪失的收益。經濟原則還要求貫徹重要性原則，應把注意力集中於重要事項，對成本細微尾數、數目很小的費用項目和無關緊要的事項可以從略。2.因地制宜原則。3.領導推動、全員參與原則。

成本降低的基本原則有五項，前三項是：1.以顧客為中心。2.系統分析成本發生的全部過程。3.主要目標是降低單位成本。

科學和實際經驗告訴我們，旅館控制和降低成本，旅館在設計和建造必須科學合理，並採用節能產品和設備，以及自覺地嚴格執行先進的管理制度，與服務規章是關鍵。此旅館一直有外國著名管理公司管理，適合內部管理，而且對於客戶服務需要的管理制度和服務程序完善，成本管理已貫穿於管理制度、服務程序之中。在此現狀下，旅館還要求餐飲部強化成本管理，並把成本列為考核的首要內容，基層管理人員為完成任務，整天挖空心思去節約一張紙、一包打包袋、一度電等，違背成本管理基本原則，結果是得不償失。競爭優勢是以提高品質、創造性和所有領域的革新為基礎，而不是以降低成本為首要基礎。這一發現對旅館如何在激烈的競爭中取得優勢，應該有較大的啓示性。

訪問同業

林經理到某五星級旅館餐飲部走馬上任，一上任就宣布了一條規定：每月一次帶領餐廳、廚房幹部到其他旅館、餐館學習取經。餐飲部的幹部們聽了之後非常高興，因爲前任經理也曾帶他們出去學習取經過，所謂學習取經實際上是吃和玩的代名詞，新經理宣布每月都出去取經學習，這意味著每個月都可出去吃吃玩玩、享受別人的服務。

第一個月的某一天，林經理果然帶領幹部們到一家有名的餐廳去「學習取經」，大家走馬看花，嘗試了餐廳的招牌特色菜，然後各自回家。

第二天林經理召集幹部開會，詢問每一位幹部到那家有名餐廳用餐後的感受，幹部們七嘴八舌，有的認爲那家餐廳的一些服務不如自己餐廳，有的認爲某幾道菜不如自己廚房燒得好等等，找出了不少不如旅館的地方。林經理要求大家講出那家餐廳做得好的地方，由於幹部們只當成是集體活動吃一餐，並沒有去特意注意他們的服務和管理，因此也都講不出個所以然來，林經理把那家餐廳做得好的地方一一說出。林經理最後指出，出去學習取經，重要的是要找出對方比我們好的地方，而不只是吹毛求疵挑剔他人的毛病，並宣布今後出去學習取經，每一個人一定要找出對方至少一件比本部門做得好的事，彙集在一起形成報告，從而使大家獲得改進靈感，使本部門的工作做得越來越好。

此後每月林經理照樣帶幹部出去，有時還到香港、新加坡等地，隨著時間的推移，幹部們感覺到的壓力越來越大。

到其他單位（包括競爭對手）去參觀學習取經，是應用很廣的一種培訓方法，然而許多單位應用此方法卻沒有達到應有的效果。有的流於形式成為玩的代名詞，有的甚至因為大家覺得自己做得比對方好多了而自滿，學習取經反而得到相反的效果。學習取經沒有效果，其原因可能不少，但目的動機不明、方法不對是其中主要原因之一。

在培養提高幹部的素質和敏銳的經營神經、使幹部成長為業務和競爭分析方面的專家，林經理的做法無疑有很好的借鑒作用，國外的一些公司有的也是這樣做。找他人的毛病是容易的，但挑毛病的結果很可能會使自己日益自大，這無助於工作的改進和提高。到對方單位去學習取經是去取「真經」，只有「真經」才能使人「成佛」。

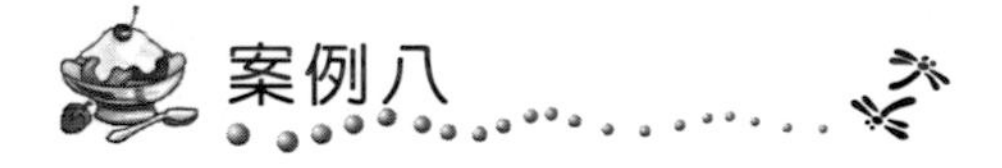

餐廚團隊談餐飲服務品質

廣西柳州飯店團隊以其優質服務和敬業精神，成爲廣西旅遊界、餐飲界學習的榜樣。該班組就如何提高餐飲服務品質提出了八點：

㈠給客人親切感

親切，是先聲奪人的第一印象。不管客人什麼身分、什麼心情、從哪兒來，親切是飯店與賓客溝通的第一要素。我們堅持微笑迎賓，客人進門，問候致意，陪同帶位，並儘可能提前了解客人

（至少是主要客人）的姓名，給予恰到好處的身分稱呼。

㈡仔細觀察

服務不只是腳勤手快，還得用眼用心。從客人就座到用餐完畢的全部過程中，既要悉心觀察每位客人的特點和愛好，也要隨時發現客人的即時需求，有的客人對某幾個菜較少動筷，就說明他不愛吃，第二天就應更換。有時剛準備上菜，但發現客人要敬酒而杯已空，就應趕快先斟酒。

㈢加強各環節的溝通，尤其是服務員與廚師的溝通

做好餐飲服務，光靠一線服務員是不夠的。各個服務環節必須及時溝通，才能從整體上爲客人提供滿意的服務。如客人不願吃韭黃，就通知廚房換；客人鹹蛋夾得多，第二天就多上。至於客人臨時提出什麼特殊要求，廚房則盡力配合烹製或調換口味。傳菜也要配合好，客人用餐從快的半小時到慢的兩小時不等，做菜和上菜做到間隔均勻，熱菜熱吃；尤其是廚師與服務員相互尊重、理解和配合，服務員轉達客人要求，廚師不僅從來沒有拒絕刁難，而且總是設法解決服務員在前台遇到的困難。有了廚師的全力配合和支持，餐飲服務品質就有了絕對可靠的保證。

㈣建立客人檔案

飯店有許多常客，必須把他們的習性、愛好、口味等記錄在案。可以這麼說，仔細觀察是經驗，而建立客人檔案則是科學。有了客人檔案，就可大大提高工作效率，也減少了疏漏和失誤。同時，記住客人的愛好，表現了對他們的尊重和關心，對VIP客人來說，這是非常敏感的心理服務。

㈤分工之中注意合作

飯店是一種企業，在管理中進行分工當然也不可少。但飯店不同於工廠生產線，不能刻板地按照流程操作。譬如，最忙時間是開餐前，客人往往三三兩兩到達，要接應招呼、斟茶上毛巾，又要出筷套、遞口布、上餐點飲料，容易顧此失彼。我們在分工盯桌的前提下，堅持協作原則，誰忙就幫誰，領班、主管可以幫，其他有空閒的服務員也主動上來幫，利用「時間差」，保證每個包廂、餐桌的服務水準。

㈥強化培訓及練兵

培訓是學習知識，練兵是練習技能技巧，兩者缺一不可。員工必須全面掌握菜餚知識、酒水知識、烹飪知識、外語知識和服務知識。練兵則強調準確性和效率。有的員工在家還反覆練習，做到又快又準。如目測距離、折口布、擺桌、斟酒、倒醬油，都需經過「千錘百煉」，方能達到「從心所欲而不逾矩」的水準。我們在地區比賽中摘冠，在全國比賽中也得到獎勵，現在員工折口布花樣可達200多種，擺台、折口布最快只需十一分鐘，加斟酒十五分鐘。客人要加碗筷，也是一步定位，不需調整。

㈦掌握班前會

班前會的作用有三：一是在職繼續培訓，二是針對季節時令和當天貨源指出服務要求，三是糾正昨天服務中出現的問題。如飯店當天的進貨原料、水果備貨、新到的飲料品種、新推出的菜餚特點，如何及時向客人推薦介紹，既能擴大銷售，又滿足賓客需求。班前會每天五～十分鐘，從不間斷。

㈧ 服務層級和種類週到

「週到」不僅是指高低之分，不同的客人需求大相徑庭，決不是擺上金銀餐具就能全部說明的。有的要放鮮花，放什麼鮮花？外國客人不太講究排場，但對造型頗爲講究，飲料也要適合他們的國情，足夠的冰塊更是必不可少，同時，還必須有些氣氛的烘托，如民族歌舞、民族禮儀、民族服飾、民族菜餚。對國內企業宴請，則要顯示氣派，或以莊重取勝，並多備酒和飲料種類，以供選擇。

有關服務品質的八點中涉及了餐飲服務提供的主要過程：服務前（建立顧客檔案、班前會、培訓等），服務中（親切感、仔細觀察、餐廚溝通等）。他們特別提出了服務中團隊應「分工之中注意合作」，這不但提高了工作效率，為顧客提供了高品質服務，也表現出團隊精神，這在餐飲服務中是非常重要的。餐飲管理者應多多在各團隊中培養這種團隊合作的精神，塑造一種合作的氣氛。

某餐廳的全面品質管理

北京某餐廳座落在昔日乾隆年間興建的古建築群中，前身爲清宮「御膳房」，是經營正宗宮廷風味菜餚的餐廳，在國內外享有盛譽。餐廳共有員工 148 人，建築面積 2,224 平方公尺，可同時接待 300 人用餐。

餐廳先後十六次派團赴英、日、美等九個國家和地區舉行宮廷宴表演。在新加坡獻藝時當地新聞機構報導二十七次之多；在日本參加世界烹調大賽獲「優秀創意獎」，多次爲贏得榮譽。

餐廳的成功得益於嚴格的品質管理。該飯店主要運用了 TQM（全面品質管理）的基本方法。

㈠統一認知、提高認知、建立機構

隨著改革的深入發展，飲食業發展迅速，競爭激烈，而競爭的焦點日趨集中於服務品質。餐廳主管感到推行全面品質管理勢在必行。他們對品質問題的認知是：

1.沒有品質就沒有企業的生存

該餐廳是馳名中外的老字號，長期經營穩定。但一家著名的廣東某酒家在該餐廳附近開了分店，對該餐廳構成一定威脅。餐廳主管認爲，必須從提高服務品質著手迎接挑戰。於是，他們率先在同業中制定了服務規範。經查閱大量宮廷膳食歷史檔案挖掘出四十多種宮廷菜餚，使業務量回升到正常水準。這件事使餐廳主管認識到，在商品經濟迅速發展的今天，企業要在激烈的競爭中取勝，首要的問題便是品質。

2.品質來自科學管理

過去，他們習慣於憑經驗管理品質，存在「四多」，即競賽多、突擊多、就事論事多、人治多，品質提高不明顯。推行全面量管理後，工作流暢了，品質明顯提高。他們深深感到，提高服務品質離不開科學管理。

在提高認知的基礎上，餐廳建立了兩級品質管理組織：餐廳成立了全面品質管理領導小組，由經理親自擔任組長，下設全面品質處，配備了專職人員；各部組設專人擔任品質管理員，爲全面品質管理的展開提供了組織保證。

㈡做好品質教育，全面提高員工素質

餐廳領導認爲，服務品質的好壞在很大程度上取決於員工素質，一是要增強群體品質意識，二是要提高服務技能。餐廳明確地由一名副理主掌品質教育工作，制定了教育規劃和年度計畫，從六個方面開展品質教育：

1. 全面品質管理知識普及教育

本著分層施教的原則，他們按三個層次普及全面品質管理知識。一是決策層和管理層。主要是參加培訓，還兩次組織觀看「服務工作全面品質管理」電視講座；二是幹部層。先後培訓班組長、QC 小組成員三十餘人；三是全體員工層。多次邀請專家教師來店上課。餐廳每年還舉行生動活潑的全面品質管理有獎知識競賽、考試，考試成績與獎懲相關，不僅提高了員工的學習積極性，而全面品質管理知識普及率更達 100%。

2. 職業道德教育

餐廳相繼發展了樹立「知企業、愛企業」等教育，聘請服務管理學校教師講授職業道德課，全店員工均獲得總公司頒發的合格證書。

3. 服務規範教育

以企業制定的服務規範爲內容，採取開班、講課、實際操作、書面測試多種形式進行。他們還組織拍製了《××餐廳宴會服務規範》影片，利用此片反覆進行生動、直觀的教學。該片作爲教學片向全國發行了數百部，並多次在全國性專業會議上播放。

4. 業務技術培訓

針對餐飲業對操作服務技術要求極高，餐廳對八十六名員工進行了中級技術培訓，使獲得中級技術的一線員工達 104 人，占 94%。餐廳還大力推展高級技術培訓，使獲得高級技術職稱的一線員工達 59 人，占 52.7%，相當於 1986 年的 5.3 倍。餐廳目前擁有特級烹調師、麵點師六名，特一級宴會設計師二名，形成以特、高級技師爲幹部雄厚的技術力量。

5. 外語培訓

由於外賓多，餐廳採取送出培訓、請專業和本店教師授課、支持員工參加函授等多種形式，提高服務員外語話能力。餐廳還自編了《英、日語服務會話 100 句》、《英日語風味菜餚典故》等教材。目前已有半數服務員能使用一種外語從事接待服務，在全體服務員中已普及了六種語言的迎送敬語。

6. 清史教育

餐廳邀請了故宮博物院副院長爲全體員工介紹清史，使員工對清代膳食習俗、禮節、禮儀有所了解，爲增強經營特色打下了基礎。

餐廳主管爲了加強品質教育工作，每年都規劃出適當的時間。用於教育的投資逐年增加，主管重視、規劃落實、堅持分層施教、按需施教、多種形式施教，是餐廳推展品質教育工作的基本經驗。

㈢以建立品質體系為核心，加強服務品質管理

餐廳推行全面品質管理是以完善品質體系爲核心。他們依據國家標準GB / T10300 系列，從飲食業實際出發，將服務品質形成的全過程劃分爲市場調查、設計開發、生產服務準備等七個階段，繪製出品質環，如圖 3-1 所示。然後將七個階段分成二十一項品質職能落實到部門、班組。如設計開發包含三項品質職能：⑴服務規範的制定與修訂；⑵餐點挖掘創新；⑶設備設施更新改造。這三項職能

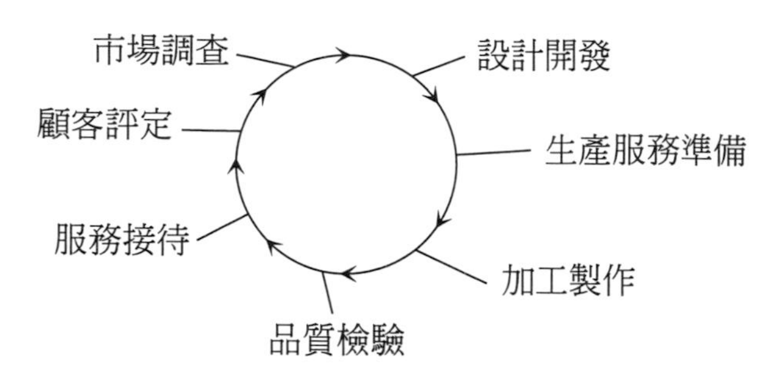

圖 3-1　餐廳品質環

分別落實到全面品質處、業務部和後勤組。品質職能的流暢使品質管理逐步系統化，主要內容如下：

1. 建立方針目標管理體系

　　餐廳推行全面品質管理以方針目標為主軸。制定方針目標時注意從企業實際出發，主要依據工作要求、企業發展規劃、經理任期目標、市場情況及存在問題等。目標項目以服務品質目標為主體，還包括全面品質管理、企業發展、經濟效益等方面。先匯集各部、組的意見擬出草案，然後由經理召集部、組長會議反覆論證修改，最後經職代會討論透過。

　　在目標展開階段，他們總結出五個要點：

(1)嚴格按系統圖法，把上一級的實施對策作為下一級的目標，按照經理、部組、員工三個層次順次展開。

(2)實行目標與措施編碼，確保兩者的對應關係，防止目標中斷。

(3)措施要具體可行，能夠確保目標的實現。

(4)逐級明確責任部門、責任人和實施進度。

(5)注意展開的全面性。目標主辦部門和協辦部門同時展開，以加強各部門之間的協調配合。

餐廳嚴格執行目標實施過程中的考核與診斷，各部、組每月塡寫「月度計劃任務書」，由主管經理審閱簽署意見。每半年針對方針目標進行一次全面診斷，發現問題及時解決。餐廳還將目標考核作爲幹部考核的主要依據，實施獎懲，有效地促進了目標的實現。

2.建立標準化系統

餐廳在完善品質體系過程中，以多年形成的管理制度爲基礎，建立了企業標準五十多個，形成了一套品質管理的法規性文件。

(1)以落實品質職能爲中心，建立工作標準。餐廳依據「品質職能施行與分配表」，制定工作標準十五個，包括部門工作標準和經理等領導幹部工作標準。規定了部門職能、領導關係、職責權限及部門內每個職位的職責，並將原來的三十九個職位細分至六十四個，達到人人有責。

(2)以品質管理爲中心，建立管理標準。餐廳建立管理標準二十八個，包括基礎標準、品質管理、設備管理、勞動人事管理、財務管理、安全保衛及衛生管理六大方面。如品質管理包括方針目標、品質訊息、品質管理小組等六個管理標準。

(3)以強化規範服務爲中心，建立技術標準。餐廳共建立技術標準十個，包括菜餚、原材料品質標準、烹調、服務等作業標準和設備設施運行技術規範三個方面，是提供規範服務的技術依據。如常用熱菜品質標準規定了餐廳七十種熱菜的用料、烹調方法、刀口成形、口味等技術要求

3.加強現場品質控制

(1)以企業標準爲準繩，強化服務品質考核。考核分餐廳和班組兩個層次進行。餐廳一級由人事部和值班經理負責，又分爲日常考核和週考核兩種形式。日常考核中發現問題，在「值班總理

日誌」上記錄，並立即發出「過失通知單」，由班組對當事人批評教育、扣罰獎金。週考核由人事部組成考核小組，成員有經理或副理、業務部長、值班經理，對各部、組進行全面綜合考核，月末獎懲兌現。一級的考核由組長負責，並填寫日考核表。由於做到了逐級考核，充分呈現品質獎懲權，有效地保證了現場服務品質。

⑵重點控制。餐廳對原材料驗收、食品衛生、出菜品質、宴會服務四個影響服務品質的重點環節實行重點控制。如設專人負責原材料驗收，名貴原材料由經理、主廚、業務部長共同把關檢查。

⑶實行主廚把關制，保證餐點品質。主廚每日對餐點品質進行抽查，填寫餐點品質記錄表，按月匯總提出獎懲意見上報人事部。服務員作爲企業「內部顧客」，發現餐點品質達不到要求，有權拒絕上桌。

4.完善品質監督系統

餐廳聘請了十五位社會知名人士擔任店外品質監督指導員，組成了店外品質監督網。監督員的職責是隨時向飯店反應品質訊息，每半年填寫一次「品質監督評議書」並參加品質監督座談會，爲餐廳提高服務品質提出建議。這一社會監督組織的建立，密切了餐廳與社會的聯繫，更獲得了許多寶貴的指導性意見，增加了品質訊息來源。

5.建立高效靈敏的品質訊息回饋系統

按訊息的不同收集管道，餐廳將品質訊息劃分爲內部訊息、外部訊息；按輕重緩急程度劃分爲A、B、C三類。各類品質訊息由各部門匯集，經分析處理傳遞給經理決策。餐廳在各部、組設置了訊息員，隨時填報「訊息回饋單」。經理不定期走訪客戶，擴大了訊息源，餐廳還建立了常客檔案，加強對固定訊息的管理。

6.廣泛開展QC小組活動

餐廳制定了QC小組管理辦法，設置了優秀成果獎，每年都召開成果發表會。現有的四個班組全部建立了QC小組，緊密結合服務品質，展開相關活動取得良好結果。如紅案QC小組「提高食雕技術，美化宴會菜餚」的成果，使高級宴會的訂桌量提高。麵案QC小組解決了多年來未能解決的肉末烤燒餅與需求之間的時間差問題，使賓客吃到了熱燒餅。兩項成果均獲國家級優秀QC成果獎。餐廳還獲得市和總公司級優秀成果獎十項。這些成果均被納入企業標準堅持了下來。

本案例較完整地揭示了餐飲企業進行全面品質管理的全過程。全面品質管理源於日本（但最早是美國戴明博士提出），其特點呈現為三全：「全過程」，即品質管理貫穿於生產服務的整個過程，而不是僅僅進行事後的質檢；「全方位」，即不僅生產服務第一線要進行品質管理，後台部門也需參與；「全員」，即企業所有的人員都應參與，而不僅限於品質管理人員。本案例的品質管理不僅呈現了這三全，而且描述了品質管理進行的步驟，即品質機構建立、品質意識和品質知識教育、品質標準體系設定以及品質管理活動（包括QC小組）。

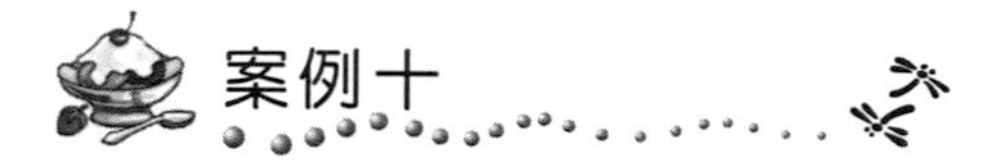

卡爾登飯店集團的服務品質管理戰略與原理

卡爾登飯店集團是一家世界著名的飯店連鎖企業，總部在美國。至1999年，該集團已擁有了遍布美國、澳大利亞、墨西哥、西班牙和香港地區的三十家連鎖店。

卡爾登採納了全面品質管理（TQM）的原則，它一直在爲贏得國家品質獎而努力。早在1983年開始營運時，就熱切地留意服務品質的提高——它設立了兩個基本的品質戰略：1.在每一個新的卡爾登飯店中展開「七天倒數計時」活動，2. 設立「金標準」。

「七天倒數計時」活動包括由公司最高經理（包括總裁）對每一個新飯店的員工所進行的七天強化定位和培訓活動。

卡爾登的第二個品質戰略，就是公司所設立的「金標準」。金標準的四個要素是：⑴卡爾登的信條；⑵服務的三個步驟；⑶卡爾登的基本原理；⑷「我們是爲淑女和紳士服務的淑女和紳士」的座右銘。

卡爾登的信條：卡爾登以對客人眞誠的關懷並使其舒適爲最高的責任——「我們保證爲我們的客人提供最好的個人服務和設施，讓他們總是處在一個溫暖的、休閒的、優雅的環境中。來卡爾登的客人會感受到生命的活力，會找到幸福的感覺，而且能夠得到意外的收獲。」

服務的三個步驟：⑴溫暖而眞誠的問候。有可能的話，說出客人的名字；⑵猜測並滿足客人的需要；⑶令人溫暖的道別辭。向他們友好地揮手再見，有可能的話，說出他們的名字。

卡爾登服務的基本原理：

1.員工要熟知並掌握信條，更要將信條化為實際的行動。

2.我們的座右銘是：「我們是淑女和紳士們，要為其他淑女和紳士們提供服務。」我們要協力合作，創造一個良好的工作環境。

3.所有的員工都要實踐服務的三個步驟。

4.所有的員工都要透過培訓考試，以確保他們能夠成功地執行卡爾登標準。

5.每一個員工都要理解，在每一個戰略計畫中所設置的有關的工作區域及旅館所要實現的目標。

6.所有的員工都要知道內部和外部客戶（員工和客人）的需要，以提供他們想要的產品或服務。有關客戶喜好的活頁簿應該被用來記錄客戶特定的需要。

7.每一個員工都要不斷地體察整個飯店的不足之處。

8.任何一個收到客戶投訴的員工，都要「自己擁有」這個投訴，也就是說他有責任去幫客戶解決這個問題。

9.每一個員工都要確保自己能立刻解決問題。在二十分鐘內以電話進行追蹤，以證實問題已經解決，客戶因此而感到滿意。做好每一件你可以做到的事情，不要失去任何一個客戶。

10.客戶問題表格被用來記錄和傳達每一個不滿意的事件。每一個員工都被授權解決問題，並防止其再次發生。

11.向客人微笑，對客人保持正面的眼神接觸，使用恰當的詞彙與客人談話（諸如「早安」、「當然」、「我將很高興……」和「樂意為你效勞」等）。

12.保持清潔是每一個員工的責任。

13.無論在工作環境內，還是環境外都要成為旅館的代表。談論旅館要採取正面的態度，不要進行反面的評論。

14.陪同客戶到旅館的某個區域，不要只簡單地指一下方向。

15.對旅館的有關訊息瞭如指掌，以回答客戶的諮詢。在推薦外部設施之前，先推薦本旅館的零售店和食品飲料市場。

16.使用恰當的電話禮節。在鈴聲響三聲之內接電話，並用聲音傳達你的「微笑」。如果有必要，可以這樣詢問——「我可以讓你稍等嗎？」不要對來電者進行盤問，儘可能地減少電話轉接。

17.制服要整潔。穿著合適和安全的鞋襪，並且佩戴姓名名牌。表情要充滿自豪，還要帶有關心他人的態度（符合所有的裝飾標準）。

18.確保所有的員工都知道他們在緊急關頭時的作用，並且知道消防和救生的應對措施。

19.如遇危險、傷害、設備問題，或需要得到幫助時，要立刻通知上司。對旅館資產和設備要進行恰當的維護和修理。

20.保護卡爾登的資產是每一個員工的責任。

再來看一看在卡爾登基本原理中所使用的詞彙和短語，「Mr. BIV」是錯誤、重做、故障、無效率和變化這五個單詞的頭字母組合，這些都是一個公司存在有害的表現象徵。公司的員工要持續地關心並報告旅館的不足之處。「側面的服務」概念意指鼓勵員工（即使在不同的部門工作）之間協調合作，旨在傳遞更高品質的客戶服務。

在卡爾登飯店還有一些其他的核心詞彙，比如說「第一次就將事情做好」和「及時的修正」。員工要確認旅館營運中的缺點和錯誤，並儘可能地解決問題以使抱怨的客戶滿意。卡爾登確認飯店中的720個工作區，每個工作區域每個月都要準備一份品質檢測報告。員工要定期完成這些報告，指出那些可能對服務品質和客戶滿意度產生負面影響的缺點或問題。員工要在收到客戶投訴的十分鐘內做出反應，並在二十分鐘內用電話跟蹤調查問題解決的情況。每一個員工都被授權可以花費 2,000 美元以內的資金來使一個不滿意的客戶高興。

卡爾登集團由於使用了獨特的手段，成爲提高服務品質的成功典範。自從卡爾登贏得1997年的國家品質獎以來，許多組織都想跟它分享「成功的秘密」。卡爾登也毫不吝嗇地向大家披露了自己的成功秘訣。

卡爾登的成功源自於兩個基本品質戰略，這兩個戰略都是貫徹全面品質管理理念的應用典範。「七天倒數計時」實質上是一種品質教育與培訓活動，它為全面開展品質活動奠定了思想基礎和技能基礎。「金標準」四個要素是卡爾登品質管理的中心思想，它呈現了卡爾登對服務品質的認識和對顧客的極度關懷。值得一提的是，卡爾登的座右銘「我們是為淑女和紳士服務的淑女和紳士」呈現了公司對員工的關心。用現在比較流行的話就是「兩個上帝說」。管理者有兩個上帝，一個是顧客，另一個是員工，只有讓員工這位上帝滿意了，才會有另一個上帝——顧客的滿意。這一點，在人際接觸頻繁的餐飲業中是至關重要的。

卡爾登公司提出的其他的觀念如「第一次就把事情做好」也呈現了全面品質管理的精神，即品質管理不是事後管理，而是對事先、事中和事後全過程的管理。

卡爾登還充分利用授權為顧客提供快速反應服務，如員工可在2000美金範圍內自由支配以改善服務，挽回不滿意的客人。許多餐飲企業就未能做到這一點，致使不少客人拂袖而走，不再光顧。究其原因，就是未能理解顧客的真正價值——終生價值。

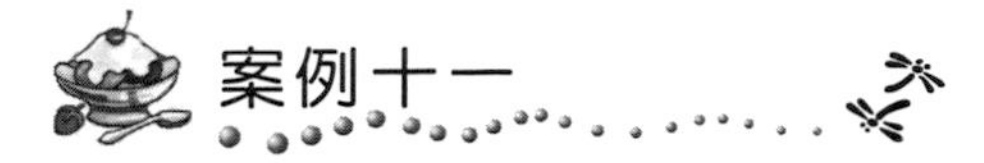

新千年旅館實施ISO9002品質管理

新千年旅館是比利時布魯塞爾一家三星級飯店，擁有標準房及套房170間，西餐廳一間（80餐位），團體餐廳一個（210餐位）。該旅館爲提高服務品質，決定實施ISO9002品質管理並取得認證。

㈠制定品質方針

新千年旅館的品質方針內容如下：

旅館力爭成爲使客人享受禮貌、禮儀及快捷服務的理想場所，訓練有素的旅館員工將爲客人提供滿意的服務，努力使有形設施做到方便、舒適和安全，無形服務做到友誼、好客和幫助，並提供優質的服務使本旅館眞正爲賓客之家，從而使旅館的資源轉換爲財富。

爲了使旅館的品質方針不單單是一些漂亮的口號，它必須轉化爲可以實現的各種目標，從而在旅館各領域的各項目標中尋找平衡。

旅館內可以考核的數量目標主要有：（具體數字略）

客房出租率；

座位周轉率；

顧客滿意率；

顧客抱怨處理率等。

㈡設定品質管理組織組構

該旅館有關的職責已文件化，其組織架構如圖3-2：

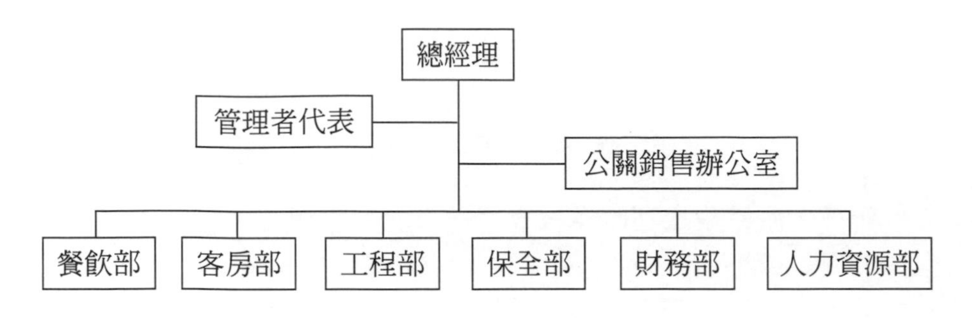

圖 3-2　組織機構（飯店）

餐飲部作爲部門又可詳細劃分爲圖 3-3：

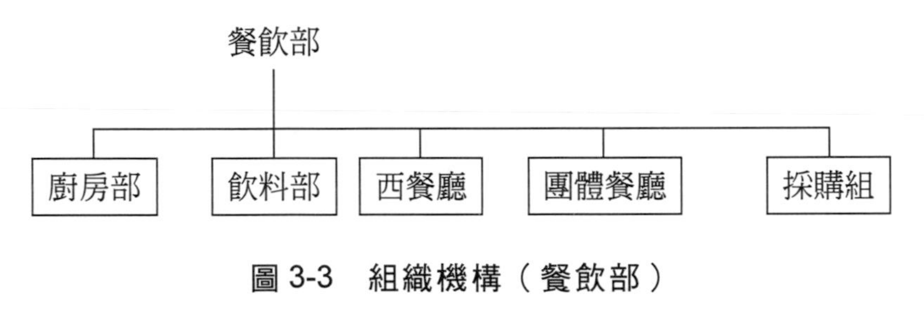

圖 3-3　組織機構（餐飲部）

㈢建立品質體系

品質體系中處處關係著程序，程序會跨越部門的界限。比如要接待一位重要客人，幾乎所有部門都要有所涉及。與程序文件配合執行的是三級文件中的作業指導書，越是基層，作業指導也就必須規定得越細，如客人住房從預訂、登記入住、離店都有詳細的規定。

旅館服務策劃的任務是能反映顧客和市場品質要求的服務規範、服務提供規範及服務品質控制規範。這些規範是要以數據來顯示，如：餐廳服務中，客人在櫃台等候接待的時間是六十秒內，客人辦理遷入登記的時間爲二分鐘。

㈣合約評審

旅館的合約評審主要指客房及餐飲部的預訂業務，旅館對客房的預訂分為普通預訂（指一般商務居住條件）、特殊預訂（比如有會議要求）、對餐飲的特殊預訂（主要指大型宴會或特殊餐點的預訂）。服務員可在檢查現有房間的基礎上，與客人簽訂口頭預訂（也可口頭更改），同時做好記錄，並通知相關部門做準備；部門經理負責對特殊預訂進行評審並記錄，重大預訂（如接待某重要人物）須報總經理審批。

㈤文件和資料控制

旅館內部控管文件有品質手冊、程序文件、作業指導書、記錄表格及服務規範、服務提供規範和服務品質控制規範等，還有相關的外部文件（如法律法規），也包括旅館的推廣宣傳文件，並在文件控制程序中，詳細規定了各類文件的審批權限和發放、更改等控制方法。

㈥採購

旅館對硬體（如客房用品、設備、餐飲用料等）的採購控制與一般製造業類似。對提供服務的承包商則採取專門的控制，如提供電梯、空調、水電維護或保養服務、洗衣服務的承包商等，提供行銷、廣告、宣傳服務的承包商等。

㈦顧客提供產品的控制

旅館對入住客人要求寄存的物品進行逐一登記、標識、存放，專人保管以確保客人物品的安全。

旅館同時對客人要求代辦的事件（如寄發信函、留言、洗衣）

也制定了專門的作業指導，以滿足客人的要求。

㈧產品標識與可追溯性

旅館對客房服務，利用電腦系統，對所有入住客人進行統計，將客人姓名、入住狀態一一對應，並對經常入住的客人進行特別標識，給予房價優惠及其他優惠服務。

旅館對服務設施、服務指引、服務人員也採取了相對的標識方法或記錄。

㈨過程控制

旅館制定了相對的服務提供規範，該規範規定了服務流程、服務提供特性和驗收標準。各部門根據服務提供規範的要求，對服務過程的重要活動編制作業指導書，經批准後實施。

在客人投訴中有一部分是由於工程維修管理不善、設備平時的維修保養不夠而造成的。如：中央空調失靈、電話有雜音、淋浴噴頭不出水等。所以工程部的管理目的是在節能的基礎上，使一切設施、設備都正常運轉，處於最佳功能狀態。爲此，旅館實行嚴格的檢修報表手續，相關記錄如下：

——設備資料卡

——預防維修計劃表

——設備保養單

——安全檢查登記表

——水泵檢修記錄表

——客房設備檢查表

——電動機檔案記錄表

工程部的設備維修保養，無論是一般的日間維修程序，還是緊急維修程序，均透過一定的表格傳遞和檢查如：

——工程維修申請單

——維修記事表

——工程維修人員記事手冊

旅館還制定了許多作業文件，如餐廳服務就有以下若干文件：

——迎賓員工作業指導書

——點菜及侍膳服務指導書

——燃焰表演（一種法式服務）指導書

——基本禮節指導書

——拾獲客人遺失物品指導書

——收銀服務指導書

——酒水服務指導書等等

旅館認識到服務人員技能的重要，要求對所有提供服務的人員都必須接受職位的技能培訓和其他有關運作程序的培訓，考核合格後方能任用。

旅館的環境標準定得很具體，有形設施和無形服務的量化標準，充分呈現了旅館特殊產品的品質要求。例如：

——客房溫度冬季爲20～24℃，夏季爲24～26℃

——洗手間鏡面日光燈40W，數量一個，洗手間照明燈10～15W，數量一個

——旅館正門前有雙向車位車道，其寬度最低爲6.7m

——旅館每個停車車位的最低標準爲2.45m×4.6m

㈩檢驗和試驗

關於硬體部分（如餐飲的材料、客房用品）的檢驗和試驗，旅館執行一些簡單的進貨檢驗，與一般製造業的做法基本類似。

旅館的服務品質控制規範包括以下內容：

——與服務品質評價有關的職責

——重要活動、主要品質特性的控制方法和評價方法

——評價週期

——品質控制涉及的相關文件

各部門有關人員按照服務品質控制規範和相關文件的要求，對各項服務特性和服務提供特性進行控制和評價。

由於賓客對旅館的印象主要來自於服務員的細膩服務，因此旅館對於服務品質的檢驗和試驗制定了嚴格的驗收標準。

㈩檢驗、試驗和測量設備的控制

旅館的檢驗工具指用於檢測和評價服務品質的「顧客調查表」、「檢查表」和分析軟體等工具。

下面是服務效率檢查單的部分內容：

1.您在櫃台能夠拿到本地的城市地圖嗎？

□是　　□不是

櫃台向您索取費用了嗎？

□是　　□不是

2.當您在餐廳入座後，服務員是否在二分鐘之內來為您服務和點菜了嗎？

□是　　□不是

3.當您點的主菜全部到桌以後，服務員前來徵詢和問明餐點的品質使您滿意嗎？

□是　　□不是

其他如：客房內放置「顧客致總經理意見書」，裡面有詳細的問卷內容。總經理辦公室整理分析這些意見書後，可直接作為實施內審、培訓、舉發糾正和預防措施通知單的依據之一。

此外尚有各種檢查表和顧客調查表。這些服務業使用的特殊檢測工具都按規定進行評價和試用，以確保其有效性。

旅館的其他檢測設備（如台秤、溫度計等）與製造業控制方法相同。

㈩檢驗和測試狀態

硬體（如餐點）的檢驗和測試狀態、授權的印章或其他標記來標識進料、製程中、終檢的檢驗和測試狀態。

旅館也規定了服務設備和設施工作狀態的標識方法。服務的檢驗和測試狀態將透過記錄標識，不合格服務的情況將用「不合格服務記錄」記載。

(十二)不合格品的控制

如果旅館提供的服務或環境設施沒有達到客人的要求而引發抱怨時，處理這些不合格服務的基本原則是：

——了解客人抱怨的事實

——表示同情和敬意

——同意客人要求並決定採取措施

——感謝指教

——快速糾正

——落實監督具體措施，詢問客人的滿意程度。

客人的抱怨可說是不勝枚舉，就餐飲部而言，如菜餚中有髒物、餐具不潔、送錯餐點、上菜太慢等等。

旅館要求對不合格服務立即補救，並在補救之後做出記錄，進行評審。

服務不合格、產品不合格均按品質獎懲條例處理。

(十三)糾正和預防措施

對於客人投訴相對集中，或在日常工作檢查中發現有重大問題時，或者相關的目標已超出警戒線時，相關部門經理進行鑑定後，將發出糾正及預防措施通知。

㈤搬遷、儲存、包裝和交付

旅館對清掃客戶物品的搬運，儲存都有相應的作業要求。

旅館對服務員的送餐、送飲料要求是經過嚴格培訓的。

對服務用品，尤其是食品的儲存，旅館有嚴格的規定，特別是衛生條件和溫度等方面的規定。

防護是旅館十分重視的方面，如保全顧客存放貴重物品的防護、飲品、食品的防護等都是二十四小時按規定要求在運作，且有嚴格的值班要求和記錄。

交付，主要表現在交遞洗衣物等方面。旅館對這些方面也規定了相對的作業程序。

㈥品質記錄的控制

旅館對各種記錄都規定了管理要求和保存期限。旅館大量使用電腦系統處理和儲存品質記錄，所以對電子媒體記錄的保存和防護就必須列入考核的範圍，包括軟體的認可、資料的備份、病毒的預防等等。

㈦內部品質審核

旅館組織品質抽查和例行檢查，並記錄保存所有相關文件。

㈧培訓

旅館的培訓部門隸屬於行政人事部，其主要職能有：

——制定培訓計畫，送交總經理批准，並檢查員工培訓情況

——確定各類員工的培訓要求，規劃年度培訓預算

——爲員工培訓準備培訓手冊、教學材料、設備和器材
——組織各類人員安排技術講座，講述基礎課程、實施課程及新動態
——培養各級管理經營人員
——代表旅館向其他單位聯繫培訓事宜等

其主要培訓內容包括：

——各部門的職位職責
——櫃台的服務流程及驗收標準
——餐廳服務的鑑定檢查標準
——與顧客的溝通技能
——工程維修的工作考核標準
——保全部的工作程序及檢查標準
——賓客抱怨的處理程序

㈨服務

旅館的服務特別指在客人離店後所發生事件的處理過程，如客人將手提包遺忘在店內，旅館負責歸還的過程。

㈩統計技術

爲了達到評價、監督和維修品質體系的要求，旅館規定品質管理的「七大手法」及新「 七大手法」都可選用，量化管理的過程包括數據的收集、整理和分析。

統計方法是根據機率論與數理統計的原理，採用科學的抽樣方法，形成一套圖表，然後根據圖表來推斷整體服務工作的品質狀態，最後達到控制品質的目的。旅館採用的統計技術方法主要有：

——調查表法與排列圖法

——分層法與因果圖法
——直方圖法
——控制圖法
其具體應用應透過《統計技術應用細則》給予指導。

ISO9002是ISO9000系列中關於服務業品質體系的標準，其主要內容包括二十項（即案例中小標題所示），涵蓋整個服務業的生產過程和各個品質控制要點。旅館根據這一詳細標準建立起品質管理體系，必然能提高品質管理水準。

ISO9000系列品質體系的建立，能幫助企業明確品質控制的要點，有利於企業把握品質管理的全局，因而是一種較為先進的方法。但是，建立一個完整的ISO9000品質體系，需投入大量人力、物力和財力，編寫大量的文件，不適於中小餐飲業。但它的基本原理及全部過程管理，還是可為這些企業實行品質管理提供指導。

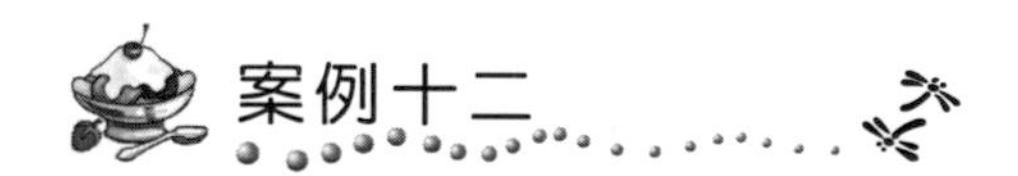

七步品質改善法——Mega Bytes 餐館

Mega Bytes 餐館是美國威斯康辛州一家專門爲商務旅行者提供餐飲服務的餐館。除正餐服務外，該餐館還設有自助早餐。爲衡量顧客的滿意度，餐館管理者在三個月內進行了一次顧客意見調查，調查結果顯示，餐館的主要服務品質問題，是顧客要等候很長時間才能入座。爲此餐館成立了一個專案小組，並決定使用七步品質改善法（Seven-Step Method，簡稱 SSM）來解決這個問題。

Mega Bytes 餐館應用 SSM 的過程如下。

㈠步驟 1：定義品質改善項目

Mega Bytes餐館的顧客調查結果如圖 3-4 所示，最主要的問題在於顧客要花太多時間才能入座。該餐廳的大多數顧客是商務旅行者，他們想得到快捷的服務或需要有時間在飯桌上談論業務，太長時間的等候會引起他們的不愉快。

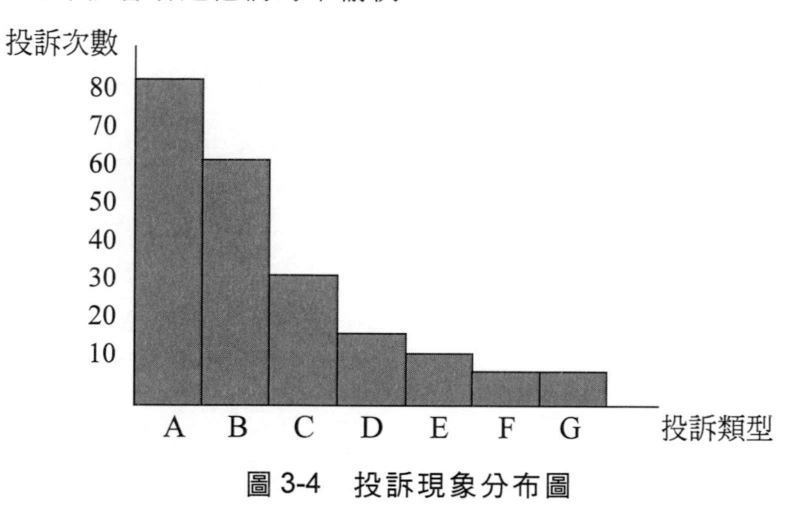

圖 3-4　投訴現象分布圖

A 等候就座時間太長

B 自動餐桌布置不當

C 餐廳太擁擠

D 餐桌上無煙灰缸

E 餐桌不乾淨

F 上咖啡太慢

G 餐具缺失

分析了各類投訴的嚴重性後，項目小組決定將本次品質改善項目定義爲「解決顧客等待就座時間過長的問題」。以此定義爲中心，專案小組對問題進行分析，諸如：「顧客等候於何時開始？何時結束？怎樣衡量顧客等候時間？」等。

㈡步驟 2：研究目前狀況

專案小組收集了顧客等候就座的基本數據（等候就座時間超過一分鐘的顧客占所有等候顧客人數的比例），並把它們記錄爲一個曲線圖（如圖 3-5）。同時他們還繪製了從顧客進入餐廳到就座的整個服務流程圖和餐館的建築平面規劃（圖 3-6），以幫助了解具體服務情形。

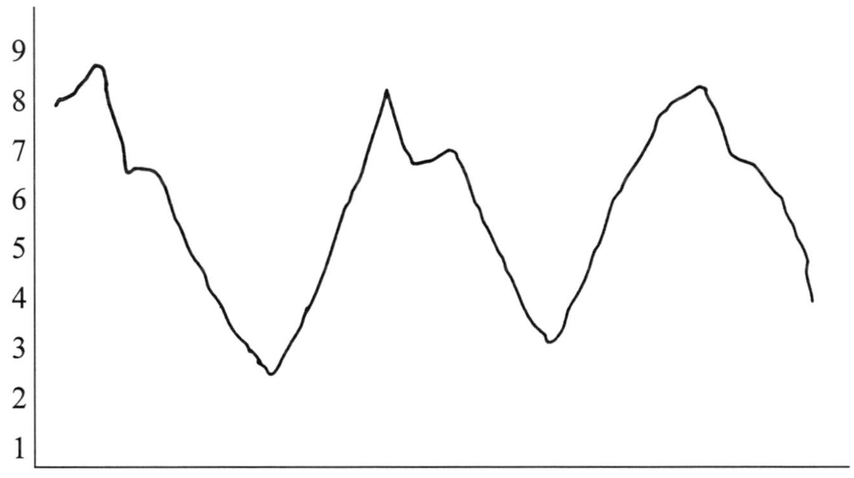

圖 3-5　等候就座時間超過一分鐘的顧客占所有等候顧客人數的比例

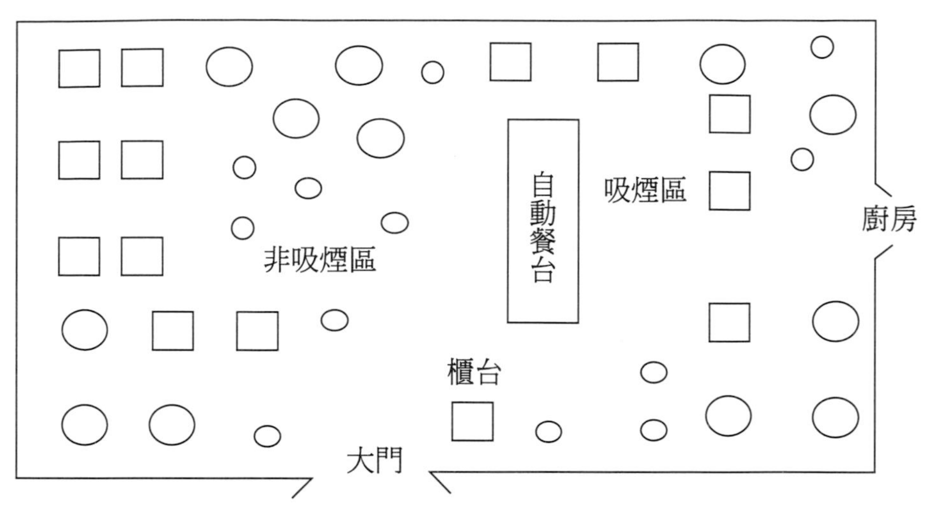

圖 3-6　餐廳的平面規劃

圖 3-4 的數據表示等待時間過長的現象，在前半週比後半週要多。這與該餐館的主體客源的特點是相符的，因爲餐館大部分的顧客是商務旅行者。

顧客等待的原因主要有兩個：一是餐廳已客滿，無餐桌可用。二是沒有自己喜歡的位置。當然，沒有服務生招呼或顧客的用餐伙伴尚未到來，也可能引起他們的等候。但調查結果表示這種現象很少發生，即使發生，也可以簡單地透過在前半週和營業繁忙時刻增加服務人手來解決。

專案小組認爲，他們需要更多的訊息來了解關於餐桌不夠的原因和顧客就座偏好對發生等候現象的影響。隨後搜集到的數據顯示餐桌不夠主要是由於餐桌清理不及，不然就是被用餐者占用。數據還顯示，大部分等候的顧客偏愛非吸煙區的餐桌位置。

㈢步驟3：分析潛在的原因

專案小組運用「魚骨分析法」來分析「餐桌清理不及時」的原因。「魚骨分析法」是一種因果分析工具，因其形式與魚骨相似而得名。**圖 3-7** 表示了以這種方法分析「餐桌清理不及時」的各種可能原因的過程。經多次類似分析，專案小組最後認定造成「餐桌清理不及時」和「顧客花長時間等候非吸煙區的餐桌」兩個問題的可能原因有兩點：餐桌與廚房的距離不合適、吸煙區與非吸煙區的餐桌比例不當。

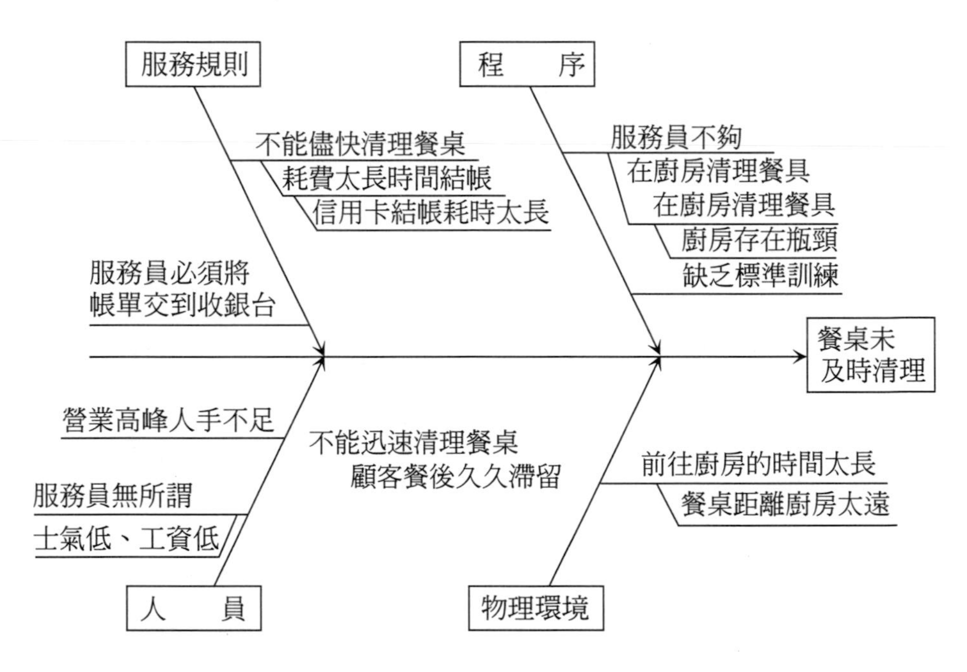

圖 3-7　「餐桌未及時清理」的魚骨分析圖

㈣ 步驟 4：提出並實施解決方案

專案小組提出了一系列可行解決方案。主要是適當增加非吸煙區的餐桌，並在此區設立臨時工作台，以方便服務人員儘快清理餐桌和滿足不吸煙客人的要求，同時也便於收集了有關顧客入座等候的訊息。

㈤ 步驟 5：檢查結果

專案小組分析了按照第四步方案實施後一個月內採集的數據，按圖 3-8 所示，這種改進的效果是顯著的。

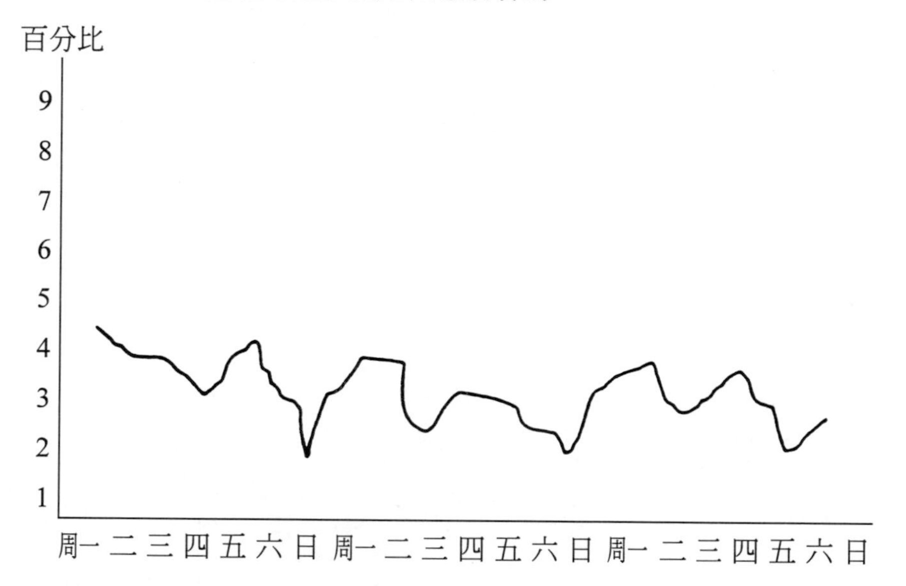

圖 3-8　等候就座時間超過一分鐘的顧客，占所有等候顧客人數的比例（改進後）

㈥步驟6：改進方案標準化

改進方案將作爲餐館的管理標準而固定下來，增加的非吸煙區餐桌和臨時工作台將永久使用下去。

㈦步驟7：確定將來的計畫

專案小組決定解決在上次調查中顯示出來的另一個嚴重問題：餐廳的自助餐桌布置不當。

SSM 是最初由威斯康辛州麥迪遜聯合會提出，用於模擬問題解決和流程改善。SSM 指導項目小組依照邏輯順序分步驟對出現的品質問題、潛在的原因和可行解決方案進行全面分析。這種方法能幫助專案小組切入問題，避免因為達不到預期目標的努力而分散精力。本例運用 SSM 展示了一個從發現問題、分析原因、提出解決方案、評估效果到將解決方案標準化並進行新品質改進的過程，幫助餐館解決了顧客等候就座時間的品質問題。

SSM 注重數據分析而不是列舉研究，SSM 使用數據而不是主觀看法。客觀數據往往更令人信服，因而能減少工作中的爭執，促進合作和同事之間的信任。本例中的分析絕大多數都是以數據為基礎的。

本例還提出了較多品質分析方法，如品質曲線圖、魚骨分析法等，這些方法簡單、實用，可為餐飲管理者實施品質管理的有效工具。

當然，運用 SSM 確實也會遇到一些困難。例如：專案小組在最初的步驟2便在定義問題上遇到了困難。有些問題屬於表象而不是實質，專案小組很容易把它們誤認為問題的實質。如：「太少的服務生」，「沒有足夠的桌子」，或「服務生需要工作得俐落一些」就是問題的表象，而真正的問題則是「顧客等候就座的時間太長」。如問題定義出錯，則後後面的努力就會白費。

步驟6和7也是七步法中較容易被忽視的環節，而這兩個步驟正好是保持服務品質穩定性和不斷改善服務的關鍵，因為它們使改進措施得以制度化和標準化，同時也促使餐廳不斷發現並解決新問題，使品質管理成為一個不間斷的循環過程。

第四章

餐飲人力資源管理

餐飲業是勞動力密集的行業，餐飲服務與生產主要依靠人力來完成，人員的素質和積極性決定了餐飲產品品質的優劣，更是企業經營成敗的關鍵。餐飲業必須做好人力資源管理，提高員工素質，推動其工作積極性，增強企業凝聚力，實現企業經營目標。

一、餐飲企業人力資源管理的主要內容

1. 根據餐飲業的經營管理目標和組織機構制定企業的人力資源計劃，在制定人力資源計劃時應著重解決兩個問題：企業需要多少人，需要什麼樣的人，即做好企業人力資源的數量和品質的預測。
2. 按照餐飲企業人力資源計劃，以及企業內外部環境變化的要求進行員工招募。員工招募又可採用內部晉升和調動工作的方法。對外的員工招聘一般按下列模式進行：
   (1)發布招聘空缺職位的訊息。
   (2)與應聘者初步面談，再根據工作需要篩選後發給職位申請表。
   (3)審核職位申請表及有關材料。
   (4)正式面談與測試。
   (5)身體健康檢查。
   (6)議定工資、待遇，並正式錄用。
3. 為使每位員工勝任其擔任的工作，適應工作環境的變化，必須對員工進行不斷的培訓。
4. 做好績效考評工作。績效考評既是企業人力資源管理效能的回饋，又是對員工成績、貢獻進行評估的方法。管理人員掌握正確的成績考評方法可以對員工的工作成績做出正確的評估，並為晉升、調職、培訓、獎勵提供依據。
5. 設計並制定合理的薪酬制度。薪酬制度必須符合勞動力市場的供求狀況、企業的實際支付能力，同時也必須與員工績效考核制度

配合，做到公平、合理，產生獎罰分明、推動員工積極性的作用。

二、餐飲之企業人員培訓

員工培訓是人力資源管理工作的重要組成部分，它是一種有計劃、有步驟地採用適當的方法向員工教授生產、管理、技能和思想的活動。

㈠員工培訓的作用

1. 有助於員工文化、技術素質的提高。
2. 改善工作方法，節約勞動力資源。
3. 有利於提高工作品質和服務品質。
4. 有助於降低損耗和浪費，減少事故。
5. 有助於提高員工的士氣。
6. 減輕管理工作負擔。

㈡員工培訓的類型

根據不同的分類標準，如培訓對象、時間、目的等，可將培訓劃分爲不同的類型。如果以培訓對象爲劃分標準，可將員工培訓分爲入門培訓、指導性培訓和補救性培訓。

1. 入門培訓：是指新員工工作前，爲了適應新的工作需要而進行的各種培訓活動。
2. 指導性培訓：是指針對某項具體工作或問題培訓員工，如何規範完成或進行處理的一種培訓方式。
3. 補救性培訓：是指在員工知識老化、工作品質下降、設備更新改造、人員調動或晉升以及營業情況惡化時，所進行的員工培訓。

㈢員工培訓的內容

員工培訓的內容可分為四種：

1.職業道德培訓。
2.業務知識培訓。
3.素質能力培訓，如意志力、觀察力、想像力、記憶力、人際關係能力等。
4.操作技能培訓。

㈣員工培訓的計劃與實施

1.掌握培訓需要情況。
2.確定培訓項目。
3.確定培訓時間與方式。
4.培訓效果的評估。

培訓方式有許多種，餐飲業較常使用的是在職指導性培訓，即以「以老帶新」的方式在工作現場直接培訓，還可能結合課堂講授、案例分析和情景訓練等形式。另外，封閉式培訓目前也較受歡迎。即受訓者處於一個相對封閉的環境接受「強化訓練」，提高學習效率，改善培訓效果。

SMART餐廳的面試評分與提問

「因為員工是一個餐廳的氣氛、精神、效率的重要組成部分，管理者將決定什麼樣性格的人最適合餐廳的風格。性格外向的人適合在前台部門工作，他們必須整潔、樂觀、健康而且友善。廚師則不需過於外向的人。」

SMART餐廳的人事經理ANNE認爲：「健康和友善是所有餐飲業從業人員應具備的品格，這有利於營造用餐氣氛，爲顧客創造一種美好的享受服務的經歷。顯而易見，一位很好的廚師未必是一位好的侍者，同樣；一個很好的酒吧服務員未必是一位好的助理經理等等。賺錢的餐廳常常是那些菜單比較固定、簡單，很少需要高技術人員在廚房工作。理想的員工是青年人（甚至是學生），而不是有經驗的廚師。」

「對於餐飲服務這份工作，態度比能力更加重要。要選擇餐廳工作人員時，最大的問題是決定於應聘者的態度和責任心。在一個充裕的勞動力市場，管理者可以花時間去選擇。有吸引力的餐廳可以在二十個應徵者中挑選一個，我們就是這種餐廳之一。」ANNE非常自豪地說。

「招聘合適的人員是餐廳人事部門的主要職責，而第一次面談是招聘工作的起點。好的開始是成功的一半。在短短的數分鐘面談中，迅速判斷並記下你所看到、聽到的關於應聘者的情況是十分重要的，尤其當你一天要面試幾十個應聘者時。爲此我們設計一種簡單、易塡但能反映應聘者主要情況的面試計分表，供面試主持者使用。」

「計分表的塡寫來自於你對應聘者的表現判斷。面試是一個雙向交流過程，你必須不斷地向應聘者提問各類你關心的問題。而提問的方式又是很值得愼重對待的，問得不妥當，很容易引起誤解和雙方不快。爲此，我們還總結了以往的經驗，列出了在面試中應提出的問題和一些應盡量避免的提問。」

表 4-1　面試評分表

SMART 餐廳面試評分表

（面試後填完此表並附在求職申請表後，請勿在求職申請表上計分評估）

第一次面試日期____年____月____日　　　面試主持人__________

要求其第二次面試的日期

第二次面試日期____年____月____日　　　面試主持人__________

應聘部門　　　　　　　　　　　　　　　薪水要求____________

面試評估計分（五分制）

外貌和儀態________

知識水準__________

經驗______________

社交能力__________

工作穩定性________

共計____________

簡要評語：____

____

推薦資料的檢查人__________　　　　　推薦人____________

日期____年____月____日　　　　　　簡要評語______________

____

擬聘用日期____年____月____日　　　　　薪水____________

是否爲本國公民（或有工作許可）人事經理簽名

員工原始檔案完成日期____年____月____日

員工原始檔案包括：駕駛執照或健保卡；其他關於證明該員工具備法定工作資格的文件；稅務登記表；求職申請表與計分表；決定聘用文件；新員工電子檔案登記表

表 4-2　面試中應提出的問題

項目分類	問　　題
開篇起頭類問題	1.請簡單介紹一下你自己。 2.你認爲一個餐館成功的最重要的因素是什麼？
經驗類	1.你最愛的餐館是哪一家？爲什麼？ 2.介紹一下你從事的餐飲工作的主要內容。 3.你的主要工作職責是什麼？ 4.你是怎樣成功地實行你的工作職責的？ 5.你以前的上司（雇主）如何評價你的工作？ 6.你如何應對一個醉酒或滿不講理的客人？ 7.你認爲我們餐館會給你提供一個怎樣的發展前景？
上下班交通類	在以前的工作中，你如何保證準時上下班？
工作時間類	1.你能在什麼樣的時段內參加工作？ 2.有沒有你不能工作的特殊時段？ 3.當工作需要時，你能不能加班進行超時工作？ 4.哪些班次你不能上？
興趣愛好類	你有什麼業餘的愛好？（這可打開話題，讓應徵者放鬆）
個人目標類	1.你的個人目標（志向）是什麼？ 2.三年以後你將會怎樣？
運動項目類	你一般從事什麼樣的體育運動？
語言類	你能講幾種語言？
與工作有關的技能類	1.能不能具體描述一下如何烹制雞汁鮭魚（或菜單上其他菜）？ 2.如何在餐桌旁分菜？ 3.你認爲你掌握了什麼樣的技能，使你能獲得這份工作？ 4.你認爲你能爲本餐館工作多長時間？ 5.你認爲這份工作和本餐館能爲你提供些什麼？

表 4-3　面試中應避免的問題

項目分類	不合適的提問	評語、附註
婚姻狀況	你結婚了嗎？ 你離婚了嗎？ 你是單身嗎？	既然歧視婚姻狀況是不被接受的，詢問是不合適的。某人的婚姻狀況並不影響他（她）能否勝任這份工作，這些詢問也不能有助於有效地了解某人的性格。
年　齡	出生日期？ 你今年幾歲？	了解某人是否已達到法律規定的工作年齡是非常必要的，但這個問題最好應這樣詢問，例如：「你有二十一歲嗎？」
國　籍	你是本國出生的嗎？ 你是移民嗎？ 你能證明你的公民權嗎？ 你的出生地在哪裡？ 你有其他親戚在這兒工作嗎？	僱用方有必要了解對方是否外國籍，這可以直接詢問得知，而不需問其他問題使得對方洩漏國籍。如果對方爲非本國公民，雇主有必要讓對方提供工作許可證明。
心理或身體障礙	你有或曾患過癌症嗎？ 你患過癲癇病嗎？ 你吸毒了嗎？酗酒嗎？ 你曾經被當做精神病對待過嗎？	如果一個人的心理或身體障礙，不能影響他履行職責並專心完成工作，那麼他可以得到工作。如果對某人的心理或身體障礙可能影響工作，這就要看醫生的建議，以證明他有可能完成工作，並且不會傷害到他自己或其他人。
種　族	你的種族、性別？ 請提供照片。 你頭髮和眼睛的顏色？	如果這個問題對判斷某人的工作能力非常必要，那麼詢問必須輔以書面聲明，提供照片是沒有必要的，一個人的長相不能決定他能否勝任此份工作。
性	你懷孕了嗎？	許多國家規定對懷孕的偏見屬於性別歧視，爲了從法律上說明因爲懷孕而拒絕或不僱用，僱用者必須提出有力的證明她沒有能力勝任此工作（例如：醫生的意見），或從常規來說，老板不能強迫孕婦離開除非有非常大的困難。懷孕在法律上認爲是生理現象。

（續）表 4-3　面試中應避免的問題

項目分類	不合適的提問	評語、附註
職災工人	你曾接受過職災保險嗎？	拒絕曾接受過職災賠償的是不合法的，如果認爲某人身體狀況對工作很重要，那麼直接詢問是最好的。
宗教信仰	你信什麼教？ 你是哪個俱樂部或社團的一員？ 你能在週末做什麼嗎？	前兩個問題是個人隱私，信仰什麼教，不能表示他的工作能力。身爲俱樂部成員不表示你有工作能力。對老板而言，知道應聘者能否因爲信教問題而不能在週末上班是必要的。然而，老板有義務去適應他們的信仰，除非給公司帶來很大的困難。

餐飲業是一個與人打交道的行業，員工在服務提供中扮演著極其重要的角色，所以選擇合適的員工成為餐飲管理的一項重要任務。而面試則是挑選員工的主要環節，因為這可能是在企業做出任用決定之前，唯一雙方見面相互了解的機會。面試時間的限制，讓面試主持者對應聘者的評價造成了困難。SMART 餐廳設計製作了簡單易填的評分表，幫助面試主持者解決問題，同時也加強了表單的規範化管理，使評分表可以成為員工檔案的重要文件。另外，SMART 餐廳關於面試提問的總結性文件，表現了該企業人事工作的細緻性，呈現了對應徵面試者（餐廳的潛在員工）的關注，真正表現了餐飲業是一個「與人打交道的行業」，在面試中就讓潛在的員工感到進行恰當人際交流的重要。也只有注意到這些，面試主持者才「有資格」做好選人的工作。

娛樂業服務人員考核方法——「五四」制考核法

一家位於湖北省的澳門獨資娛樂公司（提供餐飲、娛樂等綜合服務）結合中國國情和外資管理的特點，推出了一套「五四」制服務人員考核方法，取得了較好的管理效果。

㈠「五四」制考核方法的基本內容

所謂「五四」制考核，即QC小組、人事部和部門負責人，根據每一員工的服務態度、工作紀律、營業額（或工作績效）、服務品質、顧客評價、出勤率等指標進行季度和年度考評。考評中再根據個人的年資、業務技能、知識結構劃爲五級（見習生、初級服務員、中級服務員、高級服務員、服務技師）。在考核期內，每級又根據員工的工作能力和業績再分爲四等（優秀、合格、基本合格、不合格）。不同的級和等，反映其對飯店貢獻程度的不同，因而所取得的報酬也是不同的。

在季度考核中，不合格者在原級別下降一級，見習生則除名。在年度考核中，連續三次季度考核爲優秀者，可破格晉升一級；連續考核合格或合格以上者，可在規定年限晉升一級；基本合格者，不升也不降級；不合格者，下降一級（見習生予以除名）。

㈡服務等級的企業內部標準

對於服務人員的五個級別，公司均制訂了相應的評定標準。以下面試以初級服務員和服務技師爲例，說明這一評定標準。

1.初級服務員

實習期滿，掌握餐飲服務六大基本技能，並熟練運用本部門服務程序。能獨立工作，懂得一定的服務心理，具有較好的推銷技巧，熟悉本部門服務項目、產品特點、規格、價目、結帳方式等，了解基本的餐點酒水知識。能妥善回答客人提出的疑難問題。

2.服務技師

高級服務員三年以上，年度考核合格，季度考核至少二次優秀。能熟練地指導各部門各種不同規格的服務接待，專業知識廣博，懂得主要客源國及國內各地生活習俗，具有較強的組織能力和公關能力，熟練進行成本核算及勞動管理，懂得中西烹飪原理，熟練掌握中外酒水、水果拼盤製作，懂得雞尾酒的調製，能培訓中級以上服務人員，熟練掌握一種服務外語。

㈢服務人員分類考核細則

服務人員分類考核按照出勤率、遲到早退、投訴過失和工作能力、工作積極性爲指標進行，下面以高級服務員爲例，說明細則的內容：

高級服務人員分類考核細則：

1.優秀

考核期內無遲到、早退、曠工，事假不超過半天，病假不超過一天；德才兼備，積極向飯店提供富有建設性的建議，其中至少兩項被採納；無抱怨，有較強的管理能力；三次以上受到賓客讚揚；營業額或工作績效在飯店名列前茅；無甲、乙、丙類過失，能產生示範作用。

2.合格

考核期內遲到不超過三次，病假不超過三天，事假不超過兩天；無早退、曠職；工作積極主動，銷售意識強，營業額或工作效績高，積極向公司提建設性建議，其中至少一項被採納，客人投訴不超過一次，三次以上受到表揚；丙類過失不超過一次，沒有甲、乙類過失，積極協助領導做好工作。

3.基本合格

考核期內遲到不超過五次，早退不超過一次，事假不超過三天，病假不超過四天，曠職不超過一天，客人抱怨不超過兩次，丙類過失不超過兩次，無甲、乙類過失；能積極向上級提合理化建議；服從上級，能勝任本職工作。

4.不合格

考核期內遲到五次以上，事假三天以上，病假五天以上，曠工兩天以上，客人投訴兩次以上；丙類過失兩次以上，乙類過失超過一次，甲類過失一次；未能產生高級服務員的作用。

案例中提到的「五四」制考核方法，實質是將服務員等級劃分與服務員表現相結合的一種考核方法。與此做法類似的還有所謂「星級」服務員考評法，但後者只是根據服務表現來確定服務員等級（服務員等級即「星級」是可以變動的）。「五四」制的考核法將等級與表現結合起來，既承認了服務人員的已有技能（即承認了「職稱」），又能在各個不同的等級進行服務表現的評估（即考核了服務員在現有職稱上的表現），因而呈現了員工考核靜態（職稱）與動態（表現）的結合。過去（職稱代表過去已取得的成績）與現在（服務表現是服務員目前的情況）的結合，不失為一種較為可取的考核方法。只是案例中關於服務表現的考核標準稍有粗糙之嫌，未能結合具體服務工作細分。

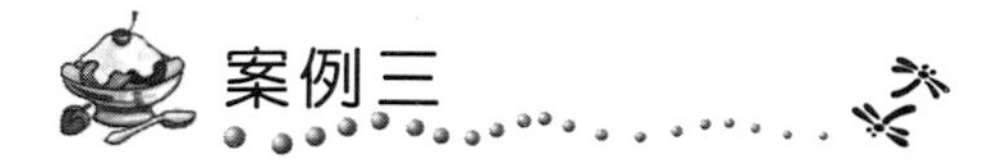

飯店的工作薪點工資

上海某著名飯店爲發揮分配機制的激勵作用，對內部分配辦法不斷地進行研究與改進，在工作等級工資的基礎上制定和推行工作薪點工資，並取得了較爲理想的效果。具體內容及措施如下。

㈠職位的確定

在以往員工的技術級別高低決定了職位聘用。例如：凡廚房評爲技師職稱的都被聘爲主廚，卻出現了一個廚房同時有幾個主廚的局面，但在實際工作中因職責不明，出現了「誰都管，誰都不管」的現象。又如：餐廳和客房服務工作，由於服務員技術級別不一，致使原工資等級多達七種，薪點高低相差十六點。以1994年該飯店薪點平均值24元計算，月工資高低差達384元（不含獎金），但服務員的工作職責卻不夠清楚，服務規範不夠標準，餐廳服務員都可以爲客人點菜、開票或分菜，客房服務員櫃台與清潔工作的常常混爲一體，影響了服務品質。針對這些問題，在這次工資改革中，該飯店對工作人員的設置做了較大幅度的調整，具體如下。

廚房的職位設置：總廚、副總廚各一人，由飯店總經理聘任，全面負責對全店各廚房的管理和協調，廚房實行主廚負責制。每個廚房設一個主廚，負責本廚房的行政和業務管理，向部門經理和總廚負責。主廚必須具有高中專業技術一級以上職稱。每個工種設大廚一人，執行主廚的工作指令，負責本工種的業務和行政管理，大廚必須具有高中以上專業技術一級以上職稱。同時設主廚助手和大廚助手，協助主廚或大廚開展日常工作，對助手素質要求原則同主廚或大廚。大廚以下設二廚，負責高級菜餚的烹飪製作，協助大廚及助手爲好餐點的品質把關。二廚下設三廚、四廚和廚工。三廚負責宴會、點菜的烹飪製作，必須具有國中以上專業技術三級以上職稱；四廚負責日常點菜的烹飪製作，必須具有國中以上專業技術四級以上；廚工協助做好廚房的各種輔助工作，並經過專門的技、職校培訓。

餐廳的服務工作：設立高級服務員、服務員、傳菜員三個工作，高級服務員在領班帶領下，負責了解每天的宴會預訂、客人用餐情況、掌握點菜單及貨源情況，專職從事爲客人點菜、開票，做好餐廳的銷售工作，高級服務員必須具有高中以上學歷、外語B級以上程度和本工種技術級別四級以上職稱。服務員主要從事爲客人分菜和餐間服務工作，必須具有高中以上和外語B級以上程度。高級服務員、服務員、傳菜員的編制配備，主要根據餐廳的餐位數和餐廳的經營特點予以確定，高級服務員約占服務員人數 1/3。

客房的服務工作：設立高級服務員、服務員兩個工作。高級服務員專職爲住房客人提供服務需求，高級服務員必須具有高中以上學歷、外語B級以上程度和本工種技術級別四級以上職稱。服務員專職從事客房的清潔工作，具有國中以上學歷和外語 C 級以上程度。高級服務員、服務員這兩個工作的編制數，主要根據客房數、服務特點等確定。

技術工種實行行政職務和業務管理一肩挑，以前的技術工作由高級工或中高級職稱的工程技術人員負責業務管理，行政上另設管理員或領班，現在飯店在工程部、電腦機房、醫務室等技術工種中分別設立技術工等工作，規定每一工種必須由高級工或有中高級職稱以上人員擔任並只設立一個編制，建立以本工種負責制爲中心的工作責任制，集行政和業務管理於一人，減少了管理環節，改變過去「誰都負責，誰都不負責」的狀況。

㈡工作薪點數確定與工作薪點工資的主要特點

在這次工資改革中，飯店對工作工資改革方案和工作薪點的確定進行了多次可行性論證和本著量入為出、量力而行的原則，不做短期行為、盲目提高薪點數，嚴格在拆帳工資的整體中來定工作薪點，並適當留有餘地。

工資改革以前，管理員以下員工的工資等級主要由其技術級別決定，技術級別高，薪點也就高，技術級別低，薪點也就低。而技術級別的晉升，也往往偏重資歷因素，因而在一定程度上造成了員工重技術級別、輕勞動貢獻的思想。因此，這次工作薪點標準完全按照工作的性質、地位和作用大小來確定。

飯店這次實施的工作薪點工資主要圍繞「以職定薪，一職一薪，變職變薪」這一性質制定的，它有以下幾個主要特徵：

1. 特徵之一：實行薪點計算，不同的工作，不同的薪點，薪點值與飯店每月實現的初級利潤相關，因此，薪點值是變動的，它的高低取決於企業經濟效益的好壞。
2. 特徵之二：實行同工同薪。一個工作一種工資，取消同一工作多種工資等級的狀況：技術等級、專業職稱、文化學歷等反映員工潛在能力的非現實勞動因素，不再與工資分配直接相關，只在工作素質要求中呈現。
3. 特徵之三：實行以職定薪，工作薪點的高低取決於工作的性質、地位和作用大小。員工的技術級別、專業職稱只作為工作的依據，員工做什麼工作拿什麼樣的工資。
4. 特徵之四：實行以職定人。工作人選的確定，根據工作編制和工作素質要求，統一實行考核聘用，競爭工作、優勝劣汰的辦法，徹底改變了以往存在的照顧遷就，以人定職或隨意擴職的現象，堅持個人選擇與飯店需要相結合的原則，允許職工有正當的選擇工作要求。

5. 特徵之五：實行全額浮動，除國家明文規定的保障職工個人基本生活所必需的費用支出額度外，其餘部分收入全部實行浮動，對員工的獎懲，不再僅僅局限獎金，同時也與工資相關，使員工收入的工資和獎金部分都呈現彈性，以利於徹底消除「大鍋飯」思想，增強員工風險意識。

薪點制是港澳地區較為盛行的一種工資制。案例中飯店實行的薪點制是一家國營飯店在分配制度改革中所做出的一項重大舉措。它克服了國有企業分配制度的三大弊病：一是大鍋飯，各工作的工資水準相差無幾；二是做好做壞一個樣，企業效益與員工工資無關；三是論資排輩，重技術級別輕勞動貢獻。薪點制的實行，解決了這些問題。以薪點計算不同工作的不同工資額，打破了大鍋飯。薪點制與效益相關進行計算，解決了原先工資與效益脫節的問題。實行同工同薪，改變了過於依重技術等級的狀況，減少了論資排輩的問題。

案例四

麥當勞的季節工管理與培訓

麥當勞以其高品質的食品和服務征服了世界，贏得了世界速食業龍頭的市場地位。而令人驚奇的是，這個巨人的員工90%以上的是季節工（或稱計時工、兼職打工者）。如何利用季節工來提供高品質服務是麥當勞經營成功的一大秘訣。

㈠季節工的原動力

為保證服務品質。餐飲界一般很少全面地引入季節工工作體系，這主要是對這種體系的不理解造成的。麥當勞在這方面做了很多工作，對這種工作體系有了深刻的認識。

麥當勞店平均有六十～八十名的工作者，其中僅有三名月薪工作者，這也就是說一天分三班，每一班只有一名正式職員。而正式職員一星期只工作五天，計時工則有「登記制度」，所以在整間店面，營業時間內可能都由計時打工者掌握營運及管理。

在這種情況下，便用單純化、標準化與專業化的作業設備是必要的，但是更重要的是確立「整體性勞動管理制度」，讓短期打工者的勞動力能在短時間內發揮最大功效。

麥當勞有一句宣傳口號「任何時間、任何地方、任何人」，這並非只針對產品，在製造方法、販賣管理、品質與庫存管理、衛生與安全管理、勞務管理、顧客管理等，它都很確實地做到了「不論何時、何地、何人」的原則。實際上，整間店面的管理，均委託給管理組中職位最低的計時經理。因此，在麥當勞所有的工作人員裡，在機會平等前提下，不論是正式職員也好，打工人員也好，每個人的地位與相對報酬都是相等的。

兼職打工的原動力並不是在招募、錄取時就能發現展露的，它要經過教育、訓練、考核、獎助、溝通的過程，自然而然提升「工作意願」，有了工作意願，也就自然可以發揮最強的原動力了。

㈡整體性勞動管理制度

麥當勞採取的最小分組控制，因此有關招募、錄用到辭職，所有的管理工作權限都是由各個店鋪內自行處理。至於在各店內的職權如何分配，則完全由中心經理店長做主。中心經理店長在他的管理組中，選定一名企劃經理，這名企劃經理對勞務管理及打工人員的工作規則要非常了解。

店鋪企劃經理第一項工作，便是製作一張「全年店員招募計劃表」。人員招募及僱用時，最大的考慮重點是維持「Q.S.V.C.」（品質、服務、衛生、價值），這也是麥當勞最高的座右銘。人員募集，有以下幾個基本來源：

1.靠打工人員介紹。

2.在店外張貼海報、製成POP。

3.在退職及休職人員檔案中尋求。

4.在其他店鋪退職人員檔案中尋求。

5.在其他店張貼海報。

6.分發傳單。

7.登報紙廣告或報紙夾頁（DM）。

8.訪問學校。

9.職業介紹所等勞動力仲介機構。

關於面試時間，選擇在顧客不多的時段，面試的評分通常都是從應試者的態度、儀容、協調性、可用性來考慮。一旦被錄用成爲店員，首先要接受新生訓練，讓新進人員對環境有所了解。所有的新進店員，將來都可能成爲身負全店管理重責的組長或者經理，所以必須確實培養。在熟悉的過程中，服務員會被鼓勵利用服務員休息室看教育錄影帶，並閱讀簡易的工作手冊，加深對工作程序的印象。要讓新進人員有自動自發，其中是要讓員工知道，只要努力，地位與報酬必定會受到保障的信念是重要的因素。

另外制服的形式、名牌用途與形狀，參與會議的種類、稱呼、營業中擔任的角色等都代表了身分與地位，這也是成爲員工積極向上的動機因素之一。

進入公司之後，服務員從實習員、服務員、訓練員、接待員、組長至經理，循序漸進，一層層向上挑戰，入店的基本訓練過程完成後接受實地考核，若是一切沒問題，這就算完成了BCC的訓練程序。若還想追求更高的職位，上面還有ACC、STR、SWTP等分職的訓練課程。

在創造人才上，麥當勞有一套獨特的方法，簡單地說，就是在升職、加薪時，以公開評價、自我推薦、事前設定目標、事後面談、定期評價為主的評估制度，誘發工作者最高的工作意願。相對的，凡是有意願工作者，公司隨時做出願意指導的姿態與組織，使他們覺得努力必定受到重視，而能達到組織與人才靈活化的效果。

麥當勞的晉升和加薪最主要是決定於店長，但是眞正的評價者是包括計時經理、組長等所有管理人員在內的管理組人員。在這種多數評價制度下，很容易培養出員工挑戰的精神，而這種精神也正是麥當勞的基本政策之一。

雖然工作的壓力很重，但是這個體系也備有完整的溝通與鼓勵制度。溝通所採取的方式有：開會制度、自由討論會、布告欄、聯絡簿等。依職別的不同，員工需要參加的會議與收到的公告也有所不同。

麥當勞鼓勵員工也有一套系統，簡稱 PAM。它是將工作遊戲化，且製成許多實例式的手冊，經由周到的計劃，每年編列預算，確保計時工作者的工作意願可以達到最高峰。從周密的人員募集計劃至激發知性的 PAM 計劃，麥當勞以無比的精力與熱情，在短期內動員計時工作人員的勞動力，並將他們的生產力帶到最高境界，這些原動力在通向事業成功的道路上是不可忽略的。

㈢薪酬與激勵

1. 兼職打工者的地位與酬勞

在麥當勞兼職打工，它的職位與報酬是相對的，通常麥當勞的辦公室會有一張布告板，其中張貼布告欄的一列是「職位及工資」，職位欄內寫有⑴ A.S.W. ⑵ SW. ⑶ STAR. ⑷ TR. ⑸ A. ⑹ B. ⑺ C. ⑻ TN.等英文縮寫順序。

⑴ SW/SWING MANAGER 代表組長。

⑵ STAR/代表接待員。

⑶ TR/Trainer 代表訓練員。

與職稱相關的便是工資待遇，一般以「C級」爲基準，「SW」增加25%，「ASW」增加50%，同時一年還可以領兩次獎金。

一般來說，服務員不太適應這種公開式的做法；但是適應以後，便可以放心與上司、同事打成一片。因爲只要認眞工作，必定可以獲得其他同事的認同，並把這種方法當做自己今後努力的目標。

2.按月考核輔導

組長和所有管理員工每個月都會進行一次溝通，組長會以績效考核表評估。不過在塡表之前，管理組如果對評估有任何意見，都可以先和經理協商。一旦評估塡妥，進行變向溝通，但是其目的僅限於建立共同的價值觀與輔導。組長不會因爲員工的答辯而修改考核成績。經過每個月的考核與事後個別談話，管理組同事可以感受到被關心的程度，因而激勵了勞動意願，對於下次的考評會更努力。

3.多樣化的溝通方式

在門市內全體工作人員有三種主要溝通方式：

⑴會議：會議又分服務員全體大會、管理組會議、組長會議、接待員會議、訓練員會議、小組會議。

⑵ 臨時座談會。

⑶ 利用公告欄。

一般面談，除了成績考核以外，在訓練及輔導時也常使用到溝通方式。麥當勞門市還備有各種筆記本，如服務員聯絡簿、經理聯絡簿、接待員聯絡簿、訓練員聯絡簿等，這些隨時可將公事上的重點寫下，也可藉此互傳訊息。麥當勞備有這些溝通管道，其眞正意義在創造「資訊共有化」，讓所有工作人員持有一種共識，進而促使每個工作者參與、合作、負責。

㈣培訓

1.培訓的四個步驟

培訓的四個步驟是準備、說明、執行、事後考核四個階段。

準備就是培訓以前的事前工作，在何時、何地、誰、做什麼、怎麼做。

說明，但這裡不是僅在口頭上說明，或是死背手冊的文字條例，訓練員要親身的示範，然後再與實習的人做一遍。若是有做錯的、遺忘的地方，由訓練員指正，反覆的指導，一直到完全都會了爲止。這點也代表了執行，而事後的審核工作，則是訓練員在距離較遠的地方觀察。只要QSC沒有了問題，一些細節可以等到全部的工作完畢之後再加指導。

另外，新進員工剛報到時，要讓他們熟悉工作的環境。要消除新人剛進公司的陌生與不安，可以利用口頭及影片來解說，盡可能將他們的心境帶入一個新的環境，以便及早加入工作的行列。

在麥當勞打工的服務員通常被稱爲「Crew」，這個字本來指的是在船上工作的船員，而麥當勞則把店比喻爲一條大船，打工者就是船員的意思。進入麥當勞打工兼職的人還要接受一項文化的教育。麥當勞雖然擁有25,000個案的技術軟體，是一個世界性的超級公司，但是在教授技術軟體之前，仍然必須先從教育文化開始。

2.利用工作伙伴來加強培訓

麥當勞通常也會採取利用「工作伙伴」制度來提高工作效率。訓練員將一些示範動作說明清楚後，便要求實習者照著做，然後訓練員會將實習者的訓練狀況寫在培訓工作檢查表備註欄之中。這些訓練工作檢查表不僅是代表進步狀況，它還可以將問題一併記入其中，以達到最好的訓練效果。

訓練員與實習員在訓練期間，幾乎一舉手一投足都是互相的協調，連休息時兩人都相處在一起。這種一對一的教學方法便是麥當勞「工作伙伴」制度的結果，對麥當勞而言，這也是提高工作效率最佳的方法。

凡是正式加入麥當勞公司職員行列，會開始三個月的經理在職訓練。在門市做滿三個月以後，再接受漢堡大學初級班進修十天，畢業生回到店面，這時公司會準備MDP管理發展計劃手冊。MDP的內容是以具體的活動內容和行動目標爲中心構成一系列訓練手冊。在每一科目大標題下都有閱讀、討論、實踐的功課，從這些活動中消化麥當勞的教材。

具體而言有「人才管理」、「器械修護」、「能源管理」、「損益表」等科目。再精通MDP之後，便可以升任中心經理了。

3.麥當勞漢堡大學的培訓

眾所週知，麥當勞有個直屬的「漢堡大學」，但是大部分的人都會問：漢堡大學都教授些什麼？其實麥當勞的教育訓練，絕大部分都注意於OJT（在職訓練）。偶爾也有「職外訓練」（專門組織的培訓）。

日本漢堡大學提供了兩種課程，一個是BOC，一個是AOC。所謂BOC是（Basis Operations Course）基本作業講習。AOC是（Advanced Operations Course）高級作業講習。BOC的目的是教育管理人員製作方式、生產及品質管理、販賣管理、作業及資料管理、利潤管理。而 AOC 則在於訓練更高階層的管理人才，它將重點放在以經營一家平均年營業額近三億日元的店面所需的知識來安排課程。其中課程包括了QSC的研究、提高利潤的方式、原料的認知、器具的維修、教育訓練與人際關係、服務的原理等。

大學設有所有店面裡都有的器材設備和一般慣用的視聽設備。然而並不是所有的課程都可以在漢堡大學的教室中來解決，老師仍會帶學生到店中實地了解、考察、討論。

在十天授課中，每兩天便有測驗，成績優秀者，在結業典禮上會獲得獎章，這樣可以讓參加的人在競爭與挑戰的心境中，吸收更多的知識。

在許多餐飲管理者的心目中，季節工是「低服務品質」、「粗活」的象徵，因而對他們的能力和效率存在著極大的偏見。麥當勞並未走入這一迷失，反而利用季節工提供的高品質的食品和服務。本案例揭示了麥當勞在合理使用季節工方面的成功措施。這些措施可總結為如下幾點：

1. 對季節工工作制度的深刻理解。
2. 制定詳盡易行的工作手冊並進行制度化。
3. 為季節工設立一套完整的管理系統。
4. 季節工與常年工統一作業。
5. 有效、快速、合理的培訓。
6. 有效溝通與激勵。

餐飲服務新員工考核與培訓計畫

北京某飯店非常重視員工考核與培訓工作，所有新進員工，均需經飯店統一考核與培訓。以下就是該飯店擬訂的一份關於餐飲服務新員工考核與培訓的詳細計畫。

(一)進店考核

凡進入飯店工作的服務人員，均應接受飯店組織的考核。

考核主要項目（要求計分、評定）：

1.寫一份個人簡歷及家庭狀況的簡介（將存檔）。
2.你認為自己有哪些方面的工作能力，最適合做什麼工作？
3.你認為做端菜送水這類服務工作能不能有一番作為？
4.你認為一家好的飯店應具備哪幾個最基本的條件？
5.你認為一個好的服務員應具備哪些基本素質？
6.你認為人與人相處最重要的是什麼？
7.你認為從顧客進店到離店，有哪些基本服務程序？
8.你知道我國有哪幾個最著名的菜系？
9.你認為川菜的主要特點是什麼？
10.當你與飯店主管、同事發生矛盾或衝突時，你認為該怎樣處理或表達？
11.當你對領導分配的工作不滿意或認為不適合你時，該怎麼辦？
12.你認為對待顧客應該從哪幾方面做起？
13.你認為在飯店利益、顧客利益、個人利益這三者之間，誰是首要的，誰是次要的？
14.當客人對服務和餐點不滿時，該怎麼辦？

15.你認爲一個人發財致富或有出息，主要靠什麼？

16.請你擺一張五人用餐台。

考核要求：⑴評定考核成績；⑵依據弱項確定訓練目標；⑶了解培養前途和使用工作。

㈡餐飲服務知識訓練

1.熟記員工守則，背誦後考試。

2.熟記服務員職責，背誦後考試。

3.熟記大廳服務管理制度。

4.熟記員工考勤細則。

5.熟習掌握待客的一般程序。

6.熟習了解待客的準備工作。

7.熟習了解宴會的接待規格。

8.熟習了解川菜的基本常識。

9.熟習了解本飯店的菜單、酒水知識，以及主要名菜的特點。

10.熟習掌握顧客的消費心理。

培訓要求：⑴先學習熟記，後考試；⑵以上各條，一條一條，各個方面學習考試；⑶學習之前要講解，川菜知識由主廚講授；⑷考核要記分。

㈢語言行為舉止訓練

1.學習熟記待客的用語。

2.學習詢問顧客的方式。

3.學習自我介紹的方式。

4.學習介紹和推薦本飯店的方式。

5.學習向顧客、領導提建議和做自我批評的方式。

6.學習掌握語言藝術。

7.學習飯店接聽電話的方式。
8.學習美容、穿著知識。
9.學習面部表情和表情方式。
10.學習站立、行走、注視的方式。
11.學會一般場合的唱歌、跳舞。
12.學會與顧客、同事進行思想交流。

培訓要求：⑴邊學邊示範；⑵學完後考試；⑶不要求很全，但要熟習要點。

㈣服務技能訓練

1.怎樣迎接客人？
2.怎樣引導客人就位？
3.怎樣為客人沏茶？
4.怎樣為客人點菜、配菜和填寫菜單並及時送單？
5.怎樣傳菜、上菜？
6.怎樣為客人斟酒水？
7.怎樣擺台、折口布、布置用餐環境？
8.怎樣在顧客用餐過程中調理菜點、餐具、台面？
9.怎樣為客人分菜？
10.怎樣為客人撤菜、換菜？
11.怎樣處理飯菜品質和服務品質上出現的問題？
12.怎樣撤台？
13.怎樣結帳？
14.怎樣為客人開機點歌？
15.怎樣歡送客人？

培訓要求：⑴每條要專人講解；⑵服務員做記錄；⑶講解人做示範；⑷按照講解要點演習。

㈤經營公關訓練

1.怎樣巧妙地將自己介紹給客人？
2.怎樣簡明扼要地向客人介紹本飯店的來歷和特點？
3.怎樣根據顧客的消費要求向客人推薦本飯店的名菜點、酒水？
4.怎樣透過與周圍其他飯店的比較，向顧客介紹本飯店的好處？
5.怎樣機動靈活地爲顧客安排用餐位置？
6.怎樣根據顧客的需要和用餐氣氛與顧客交談？
7.怎樣爲顧客訂餐並確定消費標準？
8.怎樣在用餐後同顧客繼續保持聯繫，密切顧客的關係？
9.怎樣處理顧客對飯菜種類、服務品質的不滿？
10.怎樣對待顧客的不正當要求？

培訓要求：同第四部分。

㈥衛生防疫、消防安全知識

1.學會怎樣保持個人衛生，養成良好的衛生習慣。
2.學會掌握食品衛生要求及制度。
3.學會餐具衛生保養知識和方法。
4.學會用餐環境的清理保養知識。
5.學會安全用電知識及故障處理方法。
6.學會安全用火、防火知識及處理辦法。
7.學會外出安全防護知識。
8.學會與社會各種人員打交道的知識。

培訓要求：⑴熟習基本制度；⑵懂得處理、鑑別方法；⑶邊講解邊示範。

㈦服務案例分析和操作訓練

1.寫錯了菜單或送錯了菜，怎麼辦？
2.客人按菜單點了菜，廚房卻沒有出菜，怎麼辦？
3.客人在菜裡吃出了釣鉤、玻璃渣、蚊蠅等異物，怎麼辦？
4.不小心使油水、茶水、飲料等弄髒了客人衣物，怎麼辦？
5.客人對飯菜品質不滿意時，怎麼辦？
6.客人因服務不及時、上菜不及時而發牢騷，怎麼辦？
7.客人想進包廂消費，而消費金額又不夠，怎麼辦？
8.客人因對飯菜、酒水、服務不滿意而拒絕付錢，怎麼辦？
9.客人因醉酒而行爲不檢點，甚至出現破壞飯店餐飲娛樂設備，怎麼辦？
10.客人對飯店提供的香煙、飲料、酒水認爲是假冒僞劣產品，怎麼辦？
11.客人因不小心摔壞了飯店的餐飲用具、娛樂用具或家具，怎麼辦？
12.客人對飯店服務人員有越軌行爲或不檢點動作、語言時，怎麼辦？
13.客人在消費完畢後要求飯店贈送禮品而飯店又沒有時，怎麼辦？
14.客人消費時間過長並已經超過下班時間，甚至影響下一餐準備工作時，怎麼辦？
15.客人因自己不小心將個人物品丟失又尋找不到時，怎麼辦？
16.客人消費金額很少又要求優惠折扣，怎麼辦？
17.客人自己要求演唱歌曲又不願付錢，怎麼辦？
18.客人因自己不小心而發生摔傷、割傷或燙傷行爲時，怎麼辦？
19.客人沒有帶足現金和支票，又需要在飯店用餐消費，怎麼辦？
20.客人要求核對消費帳單，發現收銀台算帳有多收錯誤時，怎麼辦？

這份計畫的成功之處就在於它把考核與培訓結合起來。很多餐飲業的培訓均未能做到這一點。應該說，培訓是有目的的、有針對性的。不同的員工、背景、經驗、業務知識均不同，因而各自的培訓重點亦不同。培訓時應針對員工的不足展開針對性的「因材施教」。而了解員工具體特點的方法之一就是進行入店考核。本案例的入店考核就涵蓋了包括業務知識、技能在內的多方面內容，從而能據此判斷員工的不足，以便在培訓中展開針對性教育。該計畫中考核內容與培訓內容就存在很大程度的類似性，表明了二者之間的緊密聯繫。另外，入店考核與培訓的結合還有助於管理方確定員工的使用工作。

案例六

TGI 星期五餐館的新員工培訓安排及方法

「TGI 星期五」是美國一家著名的主題餐飲連鎖集團，在歐洲等美國以外的國家和地區也擁有不少分店和連鎖加盟者。

培訓可以給員工一種自信並爲企業帶來利潤。TGI 星期五餐館的管理者對此有深刻體會。一年前，管理方希望餐廳的每人平均消費額提高 0.25 美元，而這個目標在服務員參加了一個銷售結訓後的一個星期就實現了。半個月後晚餐每人平均消費額提高了 1.10 美元，午餐提高了 0.90 美元。此後餐館對培訓的作用深信不疑，並增加了員工的培訓計畫。下面是該餐館的新員工培訓日程表。

第一天

入職教育

午餐

參觀工作場所

學習酒品飲料知識

學習員工手冊

學習菜單的前 1/3

閱讀培訓手冊

第二天

跟班在職培訓

酒品飲料知識測驗（開卷）

完成員工手冊的學習

菜單知識回顧並學習另外 1/3 的菜單

學習廚房基本知識和衛生知識測驗

第三天

跟班在職培訓

學習廚房基本知識和衛生知識測驗

菜單知識回顧並學習最後 1/3 的菜單

第四天

跟班在職培訓

複習所有的菜單內容

第五天

跟班在職培訓

複習所有的菜單內容

第六天

跟班在職培訓

跟經理一起總結回顧這幾天的培訓

考核

每一次跟班培訓之後都進行評估，以便對不合格者進行額外的培訓。

培訓時，餐館發給每位受訓者人手一冊的工作說明手冊（即培訓手冊）。這種手冊描述了餐館各項工作的細節和目標，並將每一項工作分成若干簡單的單個任務，分別列出「做什麼」、「怎麼做」和「注意事項」，簡單明瞭，通俗易懂，便於培訓操作。

下面是該餐館培訓手冊中關於「沙拉製作服務」的描述，表明了其培訓手冊的基本編寫模式。

工作名稱：沙拉製作服務　　　工作地點：加工區

工作目標：簡單製作並提供高品質、外觀色澤悅目的沙拉

工作時間標準：三分鐘完成一份沙拉的製作和服務

工作器材和原料：大號沙拉容器、削皮器、西芹裝飾物、紅番茄、刨刀、高麗菜、胡蘿蔔、切菜器、紫色高麗菜

表 4-4　沙拉製作服務

做什麼	怎　麼　做	注意事項
1.準備蔬菜		
A.生菜	1.剝去最外面的菜葉 2.將菜葉掰開，切成規定大小	注意菜葉是否乾淨、新鮮、生脆
B.紫色高麗菜	1.剝去最外面的菜葉 2.用切菜器切碎	注意將多餘水分甩乾，不要切得太細，操作時小心手指
C.胡蘿蔔	1.仔細清洗乾淨 2.削皮 3.將已去皮胡蘿蔔刨成細條	刨成細條
D.番茄	1.仔細清洗乾淨 2.切成八等分的楔形	注意不要去皮，以保持形狀
2.組合沙拉	1.把大生菜葉平鋪在容器底部 2.將生菜、胡蘿蔔和高麗菜擺放在一起 3.將番茄楔形放在頂部	注意要突出番茄，勿將其與其他蔬菜混在一起
3.裝飾沙拉	1.用西芹葉裝飾 2.將一個切成扇形的番茄放在中央頂部	注意不要過度裝飾，因爲顧客需要的是沙拉，而不是裝飾
4.提供沙拉	馬上提供上桌或將它們放在冰箱保存好	如果沙拉在常溫下放置過長時間，就會失去生脆感

TGI星期五餐館的新員工培訓不同於一般餐館，它採用了一種跟班在職與統一學習相結合的培訓方式。該餐館將工作拆分成相對簡單的多個任務，制定出培訓手冊，再結合跟班在職逐一學習培訓，培訓的實用性大大增強。這種培訓方式使受訓者在培訓結束之後能迅速適應實際工作，縮短了「磨合期」。

另外，編寫制定詳細的工作描述（或培訓手冊）極大地方便了培訓教學，使複雜的操作培訓變得簡單易行，也便於學員理解記憶。餐飲業必須重視這類搞好培訓的基礎性文字工作。

某飯店新員工封閉式培訓

海南某旅遊業集團委託四川某飯店為其新建飯店培訓首批幹部新員工100人，並要求在三個月內使培訓學員達到三星級飯店員工的水準，能從事規範的餐飲、娛樂和客房服務操作。

受訓學員是招自四川東部的十六～二十二歲的女孩，其中70%為初中生，且來自農村，長期思想較散漫。由於資方用人要求高，時間緊迫，再加上學員素質普遍較差，因此飯店在培訓方式上選擇了封閉式強化訓練。培訓地點選在旅遊名城樂山市郊一所學校。那裡地處青山，環境優雅，而且交通、通訊等均不便，是個較理想的封閉式訓練場所。學員在封閉的環境下學習、生活，可不受任何外來干擾，這對於這些可塑性很強的處於「人生危險期」的女學員來說，顯得格外必要。在培訓者嚴格紀律的約束下，採取集中理論授課與分專業模擬操作訓練、實習相結合的分段教學方式。

培訓從七月底起，歷時三個月，分四個階段進行。

㈠第一階段：體能及行為規範的訓練

體能及行為規範的訓練為期三週。根據飯店工作時間長、強度大、高精細等特點，首先訓練了學員的體能承受性和行為規範性。

第一週的軍訓相當艱苦。七月的盛夏烈日，超強度的軍姿訓練，使第一天就出現了十七名學員因體力不支而昏倒。然而一週訓練下來，學員的基本姿態得到了明顯的糾正，強化了服從意識和紀律觀念，鍛練了吃苦耐勞的精神。

軍訓還延伸到了學員日常生活中，對隨後全期實施軍事化封閉訓練打下了良好基礎。

第二週開始禮儀訓練，使學員達到了動作柔美自然、氣質高雅、行爲更加規範的效果。第三週是美容化妝訓練，使學員們掌握各種化妝技能和知識以及皮膚護理等常識。

㈡第二階段：飯店實用業務理論培訓

飯店實用業務理論培訓，時間四週。著重培訓學員的飯店服務意識、與客人交往的技巧、良好的觀察力，還使學員掌握國際禮儀常識、飯店政策法規、公關與推銷技巧以及前廳、客房、餐飲等部門的實務。

㈢第三階段：飯店業務操作訓練階段

飯店業務操作訓練階段，時間兩週。利用學校的模擬現場，進行教師示範，指導學員逐一練習客房、餐飲操作基本動作，不斷糾正動作，使每人都掌握了基本動作要領和操作程序，逐人透過考核。考試結束後還舉行了業務比賽，競賽出客房西式鋪床、中餐宴會擺台項目的優秀學員。

㈣第四階段：實習及綜合驗收階段

實習及綜合驗收階段。爲了提高學員的實際工作能力，增強飯店意識和理論與實際相結合的觀念，培訓方規劃了九天的實習。地點在樂山市三家二星級飯店，三名任課教師分別擔任帶隊教師，進行跟班督導。中於前面兩個月的培訓基礎紮實，學員普遍具備了較好的個人素質和業務技能，因而在實習工作上表現出能服從分配，吃苦耐勞，對工作熟悉上手快。三家飯店領導都反映，這批實習生素質好，工作能力強，精神飽滿，作風硬，是我們以往接收的實習生中最優秀的。

在整個培訓期間，培訓方很注重學員的語言表達能力的培養，專門開設了普通話訓練課程，不僅每一名教師上課必須使用國語，而且要求學員課上課下任何時候都必須講國語，形成了良好的語言環境。三個月後，這些「川妹子」都變成了能隨口講出較地道的國語的飯店合格人才。

這次培訓是由四川方與海南方共同管理。海南方負責學員的生活管理和後勤保障；四川方則主持整個培訓工作和負責教學的計劃、組織、實施。

另外，在學員的日常生活管理上，呈現了封閉隔離、生活軍事化。從日常寢室衛生做起，逐漸灌輸飯店意識和館規館記，實行每日衛生檢查、評比和每日考核制。以寢室做客房，做到整齊劃一，物品定位。

爲培養學員的管理能力，培訓方將這100名學員分成五個班，分設班長一名。每天輪流由一名值班長主持大班的學員管理及教學輔助工作。各寢室設室長，對班長負責。

透過三個月的軍事化訓練，雖然也出現了少數學員因不能適應這種方式的訓練而中途回家的現象，但是絕大多數學員的個人素質都得到了明顯的提高，掌握了飯店服務的基本本領，並逐步透過了十五科的嚴格考試和考評驗收小組的驗數考核，取得了由培訓飯店頒發的結業證書。海南方對培訓效果也表示十分滿意。

封閉式培訓是飯店、餐館業員工培訓的方式之一。本案例描述了封閉式培訓的整個過程和內容。封閉式培訓的最大好處就是能使被培訓者在封閉的環境下學習，不受到外界任何因素的干擾，如同「與世隔絶」進行「修煉」。這樣能提高學習效率，改善培訓效果，使學員能在較短的時間內掌握技能與知識。同時，封閉式培訓還能促進學員非智力因素的形發，如意志品格、心理素質等。所以，封閉式培訓往往和軍訓結合在一起，本案例說明了這一點。員工意志品格、心理素質的鍛練，對於以與人打交道為特點的旅館、餐飲業是極其重要的。封閉式培訓的唯一不足之處是費用較高，耗費人力、物力較多。有條件的企業可選擇這種培訓方式。

廚房生產與管理

廚房是餐飲企業的後台生產區域，是餐飲有形物質產品的生產場地。廚房管理過程包含了從廚房組織機構設置、人員安排、生產系統設計、原料供應、原材料加工處理到爐灶烹製，與相關部門協調配合第一系列業務管理控制問題。廚房管理的好壞，直接影響到作爲餐飲重要市場基礎的菜餚品質和風味特點的優劣，也直接關係到餐飲企業成本控制、利潤率的高低、廚師工作效率以及員工隊伍穩定等方面。

一、廚房生產系統的類型和特點

我們在緒論一章中就提到了餐飲企業根據生產特徵所劃分的三種類型。與此相應的，廚房的生產系統也可描述爲三種類型：定製化生產系統、大量生產系統和大量定製化生產系統。

㈠定製化生產系統及特點

定製化生產系統是與專業生產服務式餐飲企業相對應的廚房生產系統，常見於中小型點菜餐廳。其特點爲菜餚品種多，但生產的數量很小。廚房需根據顧客的個性化要求進行菜餚製作。

㈡大量生產系統與特點

大量生產系統是與大量生產服務式餐飲業相配合的廚房生產系統，如快餐、速食或特色專業餐飲企業。其主要特點爲菜式品種有限，但生產量很大。這類廚房一般用「生產線」式的生產方式，進行類似工業化的生產。西方快餐業基本採用這種廚房生產系統。

㈢大量定製化生產系統及特點

大量定製化生產系統是前兩者的結合，常見於那些大型的提供單點服務的餐飲企業。這種生產系統的主要特點是可提供的菜式品種很多，而生產量也很大。生產訊息的準確快速傳遞、小大量生產的有效組織以及生產組織的靈活性，對做好大量定製化生產是至關重要的。我國許多城市目前已出現了不少採用這種廚房生產系統的巨形餐飲「航空母艦」。

另外，這三種生產系統還具有一些共同的特點，如產量不確定、要求在接到訂貨（菜）後在較短的時間迅速完成生產等。

二、廚房管理的主要任務

無論採用何種生產系統，廚房管理者都必須完成如下管理任務：

1. 設置合理的人員配置方案，採用高效的組織機構形式，有效利用人力資源。
2. 穩定廚師團隊，提高團隊素質。

   廚師團隊技術的提高、團隊的穩定與餐飲業經營成敗息息相關。因此，一方面廚房管理要健全各項規章制度，盡可能使每一個工作崗位的生產人員明確自己的職責和任務，保證各項工作按標準、程序進行，減少人為因素所帶來的品質波動。另一方面，也要注意提高廚師素質，有計劃地進行專業培訓和基礎培訓，提高整體技術水準。
3. 掌握菜餚出菜品質管理

   菜餚是餐飲產品的重要組成部分。在一定意義上看來，菜餚品質是顧客選擇用餐場所最重要的一項考慮因素。一些著名的餐館和飯店所擁有固定的客源市場，在很大程度上是依賴於穩定的產品品質。菜餚出品品質的管理工作是一項綜合性很強的工作，一般來說，需實施如下管理措施：

   (1)制訂標準食譜，規範菜餚的用料量、成分口味、烹製方法等。

(2)制訂廚房工作責任制，明確分工與責任。

(3)採用合適的品質控制方法，建立一整套有效的監督制度。

品質控制方法有多種，目前較流行的是桌號相關法。桌號相關法是一種以爐灶爲中心的質控方法，把爐灶的號碼與顧客點菜的桌號聯繫在一起，利用顧客的評價和管理人員的抽查來達到菜餚品質控制的目的。另外，還有工序監督制（利用工序之間的聯繫和約束來控制）、重點控制法等。

4.控制菜餚生產成本，提高菜餚綜合毛利率

構成菜餚產品成本的主體是原材料成本，毛利率是反映原材料成本控制的主要指標。廚房管理人員實施這一成本控制的措施包括：

(1)加強原材料採購控制。要設定原材料採購品質標準，採用正確的採購方式以加強採購價格控制，並根據營業情況和庫存量的變化，確定合適的採購數量。

(2)加強原材料驗收與倉儲管理。要規範驗收程序，明確劃分驗收與採購的職責，對原料的價格、數量和品質進行全面的驗收控制。

(3)利用標準食譜，設定菜餚標準成本並以此進行成本核算，及時發現問題並加以解決。

Jury飯店的廚房管理改善

克羅德是一家飯店管理公司的項目經理，最近被調任爲一家老飯店（Jury）的常務副總，主要協助該店管理餐飲部工作。Jury飯店餐飲部擁有一個主餐廳（200個餐位）、一個咖啡廳（80個座位）。

經數週的工作，克羅德對該飯店餐飲部的情況逐步有了較清楚的了解，認爲主要問題在廚房。

克羅德系統地檢查了廚房管理的各個控制點。他從菜單設計和採購工作檢查起，並找了競爭對手飯店的顧客進行了解溝通。克羅德認爲：探明目標市場的期望具有關鍵意義，只有在弄清需求的基礎上才能滿足需求。他完成了一份對飯店過去餐飲銷售情況的分析。使他吃驚的是：早餐和午餐營業額中有60%、晚餐營業額中有80%是來自本地區的顧客。由於當地的顧客是餐飲業的主要客源，釐清當地目標市場的需求顯得特別重要。只有清楚了這點，才能把菜單設計得滿足主要的目標市場。

克羅德發現，最近一次的菜單改變已經是一年以前的事了。克羅德在檢查老菜單時發現，過去沒有注意對原料的交叉利用。例如：爲早餐、午餐和晚餐分別買了五種火腿。還有，熱菜多數是傳統老式的。檢查廚房設備，結果發現它們都已過時了。克羅德還獲悉：熱菜多數是用大鍋做的，做好後用蒸氣桌保溫。

餐飲採購員是瓦克・麥克高米。他雖使用書面的採購單，但沒有對所採購的物品制訂書面的規格要求。他每週都去拜訪供應商，與他們討價還價，並大量購進原料。雖然他對餐飲生產有著豐富的知識，可是從未受過採購方面的專門訓練。

Jury 飯店原未設置過總廚師長的職務，由廚房經理傑克・赫伯特負責飯店的兩個廚房——主廚房和宴會廚房的營運工作。傑克曾受過烹飪的正規訓練，他在美國一所著名的烹飪學校修完了兩年的課程。

克羅德還得知，銷售部選定的宴會菜單曾經給飯店造成一些麻煩。銷售部經理邁克・比爾斯與他的下屬在訂出宴會時根本沒有考慮生產和服務的問題，就在克羅德他們公司收購這家飯店之前一個月，邁克曾賣出了一次300人的宴會，其菜單竟包括兩次馬鈴薯的菜和最貴的甜點，毫不計成本。其結果可想而知。克羅德了解到，產生這問題的原因在於邁克來飯店剛六個月。克羅德明白銷售部經理與餐飲部經理之缺乏合作，克羅德決定推行一種政策：由餐飲部派代表參加銷售部的會議，以便及時提出建議。

克羅德對菜單設計和採購的問題考慮得越多，就越覺得需要改善飯店在這方面的形象。他的目標是要使餐飲工作看起來和過去迥然不同，給人的印象必須更好些。他想對餐飲部經理凱撒琳提點建議，幫她把衛生規範、成本和品質控制標準建立起來。克羅德在繼續檢查菜單設計和採購工作的過程中，意識到這兩方面的活動都會影響到以後其他各控制點的成功與否。因此，他就和凱撒琳共同制訂了菜單設計和採購工作的檢查綱要。這些綱要，可以作爲這兩個部門工作計劃的基礎。克羅德發現，凱撒琳在制訂檢查綱要時曾經徵詢了廚房經理傑克·赫伯特和財務監督比爾·阿貝龍的意見，要他們參與兩份檢查綱要的制訂工作。

接下來，克羅德檢查了飯店過去對物品的接收、儲存和發放工作是如何處理的。飯店過去並不經常盤點存貨。克羅德對飯店的設施和設備進行了一番評估。他準備和餐飲部採購員瓦克以及餐飲部經理凱撒琳一起討論一下目前的形勢。

凱撒琳告訴克羅德，餐飲部的存貨約18,000美元。克羅德根據過去的營業額和投資轉換率計算，認爲這個數目實際上可以減低到10,000美元或12,000美元。克羅德覺得供應商太多，購進的東西也太多。

瓦克解釋道，除了採購之外，他還要負責接收、儲存和發放物資。「常常我得忙著去找銷售商，貨品發來時，我卻不在場。」

克羅德問：「碰上這種場合時怎麼辦呢？」

瓦克解釋到：「常常就只好由早餐廚師來接收早晨發來的麵包等每日的消費品。由送貨人把貨存入倉庫，並幫著我們進庫。廚房經理也有權力來收貨。」

「我們原本想執行一條規定，即在上午十一點到下午一點半之間不接受發來的貨，但是他們可不理這一套，照樣在這時侯來。送貨的人說，這不能怪他們，供應商訂的規矩就是一到正午就把送貨的卡車停在後門。如果想要這批貨，就必須在那時接收。」

凱撒琳插話說：「貨品一旦接受了，我們就得設法儘快把它們存入倉庫，事實上不可能仔細驗收，因爲還有另外兩個供應商正等在外頭呢！」

克羅德問：「那麼，在貨品上有標明單價和進貨日期嗎？」

凱撒琳回答道：「我們是沒有時間做這些，有時瓦克得加班才能完成那些塡表的工作。財務總監會來抽查我們的接收報表，將它們與發貨單相對照。」

凱撒琳和瓦克的這番話增加了克羅德的疑心：Jury飯店的這一套程序和手續並沒有安排得當。克羅德的思緒又回溯到了接受、儲存和發放的其他問題。在前面的檢查中曾經發現了不少呆滯貨品，有些罐頭已經存了很長時間，老菜單的胡拼亂湊、雜亂無章，恐怕是造成呆滯的一大原因。

克羅德在冰庫中甚至發現了更爲可怕的情況。冰庫的底部是沒有上漆的、坑坑凹凹的普通水泥地面。冰庫的壓縮機的機殼都鏽蝕破裂了。冰箱都沒有裝溫度計。只有冰庫裡有溫度計，而那裡的溫度顯示又太高了。所有冰凍設備都太陳舊了，早該更換了。克羅德很清楚，餐飲部預算中的絕大部分頭兩年必須花在更新或修理設備或設施方面。

克羅德匆匆做了一下筆記，然後要求瓦克說明一下食品的發放系統。

瓦克說：「爲了限制濫領，我們訂有倉庫上鎖的制度。所有價格較高的貨品都是專人管理的。不值錢的貨品則是放在一個倉庫內，大家需要時可以隨便去拿，不上鎖。前兩年，我們食品的成本費用率保持在 43%～45% 之間。」

克羅德認爲，只要採取一些控制措施，食品成本率就能降到 34%～37% 之間。飯店在餐飲方面的庫存也需要削減。在提高庫存物品的周轉率時，同時就可以減少食品感染和腐壞的機會，有利於食品衛生。

克羅德要凱撒琳按照新菜單，只要有可能就將原料作交叉利用。於是克羅德和凱撒琳、瓦克一起開始制訂接收，儲存和發放的檢查提綱，使這些工作得到控制。

會議將結束時，克羅德對凱撒琳和瓦克在制訂檢查綱要中的主動合作態度表示了謝意。他們三人一致同意：庫存周轉率是能夠提高的，而食品的成本和庫存物品的總值卻可同時予以降低。更重要的是，所有上述目標並不會有損於顧客所希望享受到的服務品質。克羅德確信，只要飯店每名員工都能執行管理團隊現在所制訂的這些標準，他們的目的就一定能夠實現。

克羅德在上班的途中想到，他還沒有實際觀察一下飯店的食品準備工作、烹調和保存工作到底是如何進行的呢？憑著他的經驗，他只要看一下菜單馬上就可以很容易地想像得出，哪些地方可能發生困難或出現問題。克羅德高興的是，在上高中時，他就已開始學習廚房工作的某些奧秘了。雖然，在過去這十五年來，烹調的某些方法和技藝有些改變，但是，基本原則仍然是一樣的。克羅德知道，那些經營成功的公司正是由於堅持了這些基本原則，他們只要確保在基本原則上是做得對的，其他程序不管多複雜也都會就緒了。

克羅德來到後，發現凱撒琳和傑克正在行政會議室中邊喝咖啡邊聊天，他就也給自己倒了一杯，同時順手把他們的杯子倒滿，然後和他們一塊聊起來。

凱撒琳說：「我要盡可能把多的時間花在廚房裡。傑克你是個不錯的廚房經理，但別忘了，我隨時可以幫忙。」

克羅德心裡卻想：「管理人員並不需要一直待在廚房裡。如果管理系統是合適的，管理人員就可以把精力集中於管理的各種職能上。」

傑克說：「我想，我的地位就像一個交響樂隊的指揮。烹調食物也就像音樂演奏一樣，節拍是很重要的。例如，當你爲一桌共七位顧客烹調他們所點的菜時，一切的一切都需要在同時準備妥當。」

克羅德插話道：「我同意你的想法，傑克。你知道，我們一直在檢查我們的食品服務控制點，並且設法爲每一步制訂出行動綱領。今天我們需要繼續做到底，完成關於食品準備、烹飪和保存三控制點的提綱，你對這幾個方面工作的觀點，我很感興趣，我想請你對這些方面的檢查提綱提出建議。」

傑克說：「老菜單中需要增添新鮮菜餚。過去我們用了好多罐頭和冷凍良品，如今的顧客比以往任何時候都更注重食品的品質，而新鮮就是品質的一個重要標誌。顧客們經常追求的就是這一目標，我們正在設計的新菜單，一定要以新鮮原料作爲它的特點。當然，轉而烹製鮮料會要求我們對過去處理營業活動的基本方式，特別是在原料準備、烹調和保存技術方面少做出某些改變。」

「好主意，傑克。」克羅德說，「那麼你呢？凱撒琳，你的意見呢？」

凱撒琳說：「我認爲最需要控制的活動是原料準備。我們不能準備得過多，也不能準備得不夠。不管哪一種情況，飯店或顧客都要受到損失。我們的前一任總經理從來不向我們預報客戶的住房率，也許他自己也不清楚。有了關於住房率的訊息，我們才便於制訂好餐飲銷售計劃和烹製計劃。」

克羅德打斷她的話說，「假使必須由我來親自給你訊息的話，凱撒琳，那你將會得到的。」凱撒琳接著說：「我們需要您給廚房一些支持，您可能已經注意到我們設備失修的那種可憐相。攪拌器生鏽了，得重新拋光，不然就乾脆扔掉。通風管道沒有人打掃，有的已經沒有了過濾罩。由於倉庫裡沒有貨架，只好把餐具放在鍋裡，菜刀只好堆在設備之間，洗手台上方沒有掛毛巾的架子。像這類的問題，我還可以說上一大堆。說來也太讓人喪氣！前任總經理斷然拒絕我們追加此預算。」

「我知道了」，克羅德說：「我已經察看過了廚房設施，研究了衛生官員關於飯店違反規定的視察報告。總公司已經向我保證，會給我經費支持的，其中當然會包括餐飲部所需的開支。這件事已列入計畫。現在讓我們來談談食品品質的問題吧。你們關於食品良好品質的含義是什麼，傑克？」

「保證食品品質是我重要的職責。」傑克說，「它並不能碰運氣。食品品質是飯店所有人員鼎力協作、共同準備一種產品，其產品能前後一貫地滿足顧客的需要所得的結果。」

「很好！」克羅德說，「凱撒琳，你關於食品品質的定義又是怎樣的？」

「品質要求所有控制點保持首尾一致。這就意味著，從開始一個步驟到最後一個步驟都要堅持高標準。」凱撒琳說道，「我們只有弄清顧客的要求，才能獲得食品的品質，只有依據顧客的需要和願望才能制訂出食品標準。事先把菜炒好，放在保溫器裡存著，往往在品質上會出問題。當營業不忙的時候，廚師們往往把菜事先燒好放在蒸氣保溫桌裡存著，以備後用。由於食品沒有加蓋，放著很快就變乾了，不能吃了。我控制食品品質的辦法就是每天都要不時地去嚐一嚐。傑克也是那麼做的。」

「我也認為，作為一個總經理，他的職責之一也是要定時地對食品進行品嚐檢驗。」克羅德說，「只要一旦確定了食品品質的水準，我們就需制訂一系列標準，以保證原料準備、烹飪和保存等各個環節都始終一貫地堅持品質的同一水準。我希望你們能對制訂這一系列標準提出建議。看你們兩人能否提供些意見？」

接下來，他們一起制訂了關於原料準備、烹飪和保存的三份檢查綱要。這些綱要，可以作爲展開這三方面活動的工作標準。然後，由凱撒琳負總責任、傑克具體負責，來實施、監督並檢查這些標準的效果。

一個月後，Jury 飯店餐飲部的改進措施全部得到了落實，收到了相當的成效。

本案例較全面地說明了廚房管理的各個控制要點。首先是菜單設計應符合目標客源市場的特點和消費趨勢，同時也表明了餐飲中宴會菜單設計與其他部門（如銷售部）合作的必要性。其次，本案例說明了食品原料採購、驗收、庫存、準備、烹製工作的規範性對降低成本、保證菜餚品質的重要意義。再則，對廚房設備的投資也是實施菜餚成本和品質控制的必需。另外，餐飲企業內部上下級之間、同事之間的溝通協作是解決問題的很好的途徑。最後，本案例還表明，制訂廚房管理工作的標準，主管人員加強檢查，實現管理工作的標準化，是改善廚房管理的有效手段。

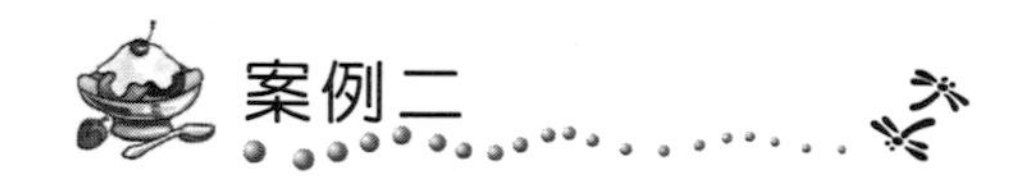

Little Chef的「即時生產」管理

Little Chef是英國著名的餐飲集團，該國的大多數駕駛員都非常熟悉 Little Chef 路邊餐飲連鎖餐廳，因爲全英國繁忙的道路上已經開設了350家這種餐廳。Little Chef餐飲集團透過該完善統一的服務網絡，成功地向客戶提供了品質穩定可靠的標準化服務，建立了良好的市場形象。

在Little Chef每年3,500萬顧客中，大部分是旅行時間已超過二個小時的旅遊者。其中週一至週五主要是商務旅遊者，週末或假期則爲休閒旅遊者。所有的 Little Chef 餐廳營業時間爲早上七點到晚上十點，一年營業364天，提供一日三餐，有時隨季節變化而推出季節性菜單和促銷菜色作爲補充。餐廳向顧客提供簡單的點菜服務，顧客用餐時間不長，平均約爲四十分鐘。只享用主食和開胃菜的顧客需三十分鐘，若顧客需甜點則需增加十分鐘。每一個餐廳都實行單獨核算，管理人員一般爲四人工作組。由於 Little Chef 服務的標準化程度很高，該集團較多地運用了「即時生產」的管理方法。我們以位於英國中心地帶Towcester East的一家Little Chef餐廳爲例，來考察其運作計畫和管理控制問題。

㈠人員和材料計劃

圖 5-1 顯示了該餐廳總結的用餐需求量在一年的不同季節、一週的不同日子和一天的不同時段的波動變化情況。爲提供高標準的優質服務，盡可能準確地預測顧客需求，並爲滿足這些需求而準備充足的資源（人員、食品原材料等）是極其必須的。該餐廳只僱用一位常年工作的正式工，其餘均爲季節工，因此，餐廳必須制訂周密的計劃：

1. 季節性用工計劃

　　這個計劃以未來十二週內的顧客預測數爲依據。而顧客數的預測則建立在歷史數據和趨勢分析的基礎上，當然管理人員的個人觀點也對預測有著影響。

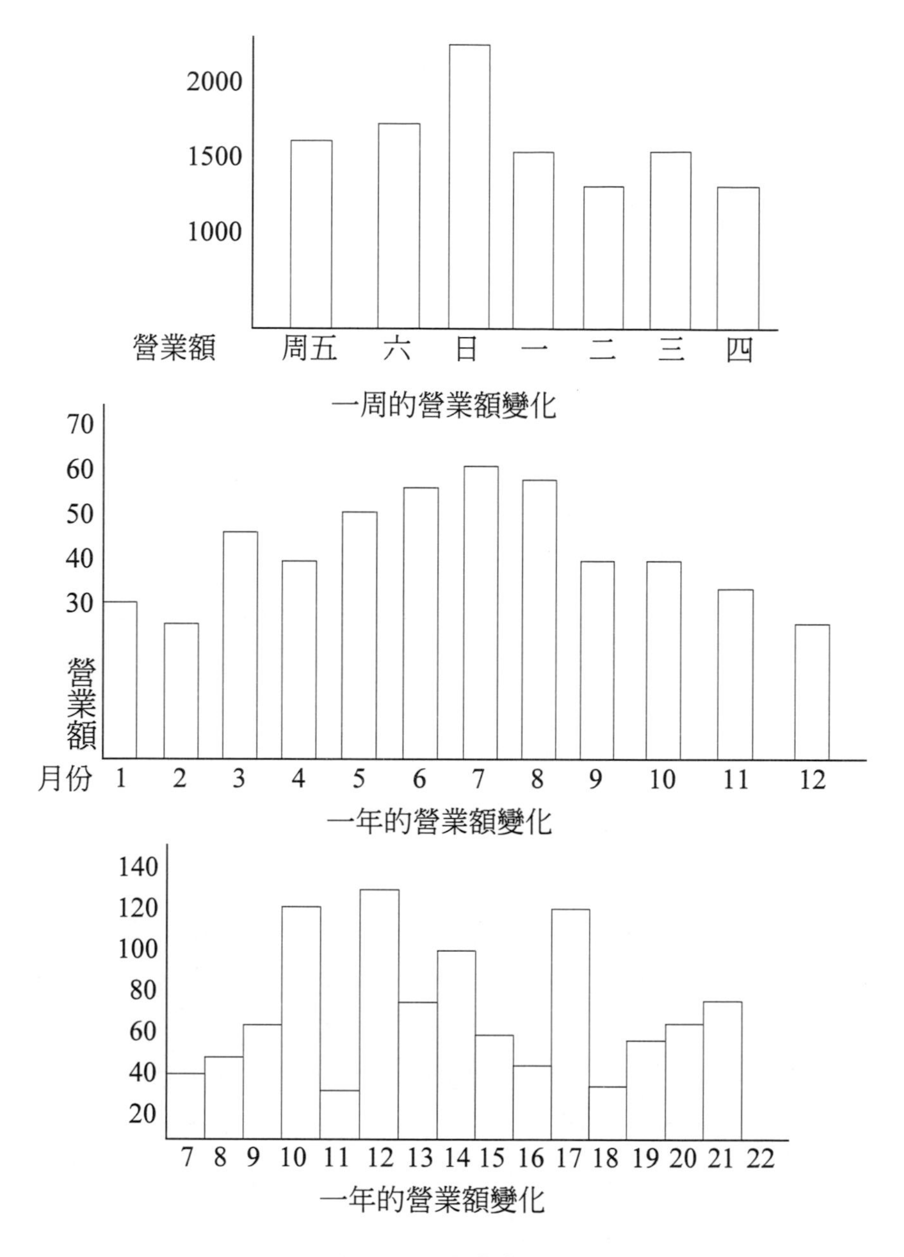
2000
1500
1000
營業額
周五
六
日
一
二
三
四
一周的營業額變化
70
60
50
40
30
營業額
月份
1
2
3
4
5
6
7
8
9
10
11
12
一年的營業額變化
140
120
100
80
60
40
20
7
8
9
10
11
12
13
14
15
16
17
18
19
20
21
22
一年的營業額變化

圖 5-1　營業額變化

2.每週預測

季節性計劃中的營業額預測，將會隨著實際營業的進展而不斷地被調整。營業額預測數的計算是用預測的顧客數乘以每人平均消費。每週的實際營業額，將被作爲季節性預測的調節性工具，即根據實際營業額與預測數的差異來調節隨後的預測數。同時每週的營業額預測與相對的用人計畫又將成爲下一年度的同一週時間的預測依據。

3.每日計劃

餐廳經理每天制訂一個排班表來實施員工之間的任務分配。

所有的材料（食品原材料、餐具和洗滌用品）由同一個供應商提供，這樣可以確保所有採購物品符合統一標準。供應商每週送貨三次，分別在星期一、星期三和星期五。餐廳在每週一早上發出訂貨通知。每週進行一次存貨盤點，以確定各種物料的用量。餐廳經理可根據具體情況自行確定各種物料的定貨點，並輸入電腦數據庫中。大部分食品原料是冷凍品，只有沙拉和肉類是新鮮的，通常只有四～五天的保鮮期。麵包和牛奶是每天由當地供應商提供，存貨量一般爲七天用量。

㈡運作管理控制

每個餐廳都有一本類似於標準食譜性質的「菜單指南」，規定了菜單上每一種菜餚的原料組成、烹飪方法和流程以及上菜標準。顧客的點菜單上標有服務生下單的時間，點菜單送進廚房開始烹製時，廚師助手會在單子上做一個記號，烹製完成時又會在單子上做一個記號。烹飪流程很簡單，不需要特殊的專業技能。大部分餐廳都有一個烹飪技能培訓員，專門負責培訓廚房其他人學習烹調。烹飪設備也很簡單，只有煎鍋、炒鍋和微波烤箱。餐廳裡還設有一個佈告欄，清楚及時地告知員工所有的工作任務。整個公司使用標準的清潔器具和清潔方法，每一次清潔任務都按「how（怎樣做），what（做什麼），when（什麼時候做）」的模式下達。爲確保服務標準在整個公司中得以維持，各地區的培訓負責人每三個月要對所轄餐廳做一次品質檢查。

餐廳的工作任務分爲八個類別，分別爲：

- 迎賓／收銀
- 菜餚製作
- 飲料製作
- 甜點／沙拉製作
- 餐桌服務
- 翻台
- 餐具洗滌
- 清潔衛生（包括衛生間）

員工大多接受了交叉培訓以提高工作適應性，這樣做也增加了餐廳生產系統的靈活性。如餐廳50%的員工會烹飪。在忙的時候，每個工作任務都有人承擔，而空閒的時候，一個人可能擔任不止一項任務。爲使員工具有一專多能，餐廳爲他們提供了電腦化培訓工具，該工具包含了所有需要擔任的任務細節，可以測試員工的對各項任務的理解程度並可記錄下員工的每次培訓成績。

可移動的餐桌、餐椅也增加了設施對不同需求量的適應度。如有客人需在餐廳舉行聚會，餐廳則可根據聚會顧客數的多寡來改變餐桌、餐椅的數量和位置。

「即時生產」（Just-In-Time, JIT）是最早應用於製造業的一種生產管理方法。其主旨是只有在需要的時候才生產產品或提供服務，在需要產生之前或之後均不開始生產，這樣既

不會產生倉儲、存貨又不會讓客戶等候，產品和服務恰好在需要的時候生產出來，使需求得到即時的滿足

本案例所提之Little Chef的生產管理具有很強的「即時生產」的特點。可分析如下：

1. 有限的產品（菜餚）種類，這就簡化了原料控制工作。
2. 簡單設備，因為生產這些產品只需要最基本的生產設備。
3. 「拉動式」生產安排，即按照顧客的實際需求提供直接餐飲服務，沒有庫存。顧客需要一個，餐廳就生產一個。按照特定顧客需求製作供應食品。廚房不會等點菜單累積到一定數量才進行烹製，也不會提前烹製的，一接到點菜單就進行即時生產。
4. 生產系統具有一定靈活性，這表現在季節工的使用和人員排班的靈活性上。
5. 即時供應，材料補給的週期很短，供應商單一。
6. 生產系統的可見性很強，方便員工操作，也利於管理和檢查。如案例中提及的「菜單指南」，烹飪技術培訓員，標準清潔方法等都將生產的關鍵要領向員工公開，幫助其提高技能和理解工作任務。

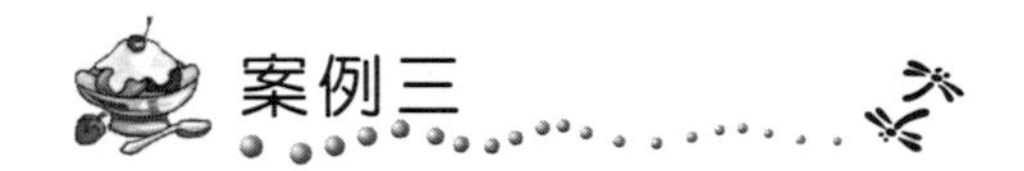

日本東京「百元店」的生產系統

SANGM. LEE 講述了一次在東京，爲了籌劃一個研究美國和日本的管理系統的學術會議，而與兩個日本商人會面的情形。接近午餐時，對方很高興地向他推薦「日本最具生產效率的操作系統」一

一百元店。

LEE描述了情形：他們帶我到百元店，那是在東京的新宿區一家有名的壽司店，壽司是日本最流行的小吃。這是製作很簡單的食品，用醋浸泡過的米飯包上不同的餡，如海菜，生的鮪魚，生的鮭魚，烤蝦，章魚，煎蛋等。壽司通常是事先被分成小塊，方便用餐者用筷子夾著吃。壽司是以開胃菜的形式提供上桌的，並佐以生薑來調味，擺放也很講究。日本人認為這本身就是一種藝術。

百元店不同於普通的壽司店，這是最能呈現日本人生產效率的地方。當我們進去時，每個員工都齊聲說「いらっしゃい（歡迎光臨）」，那是來自廚師、服務員、店主和店主孩子的歡迎。房子中間有個橢圓形的服務區，裡面有三到四個廚師在忙著準備壽司。在服務區周圍大約有三十個椅子。我們在櫃台邊坐下，服務生立刻就送上了一杯「みそしる（味噌湯）」、一雙筷子、一杯綠茶、一個用來放調味品的小碟和一個磁筷架。到現在為止，任何壽司店的服務都是一樣的，不過我注意到了一些不同的情形。在橢圓形服務區周圍環繞著一條傳送帶，就好像玩火車的軌道。一盤盤壽司擺在傳送帶上，就像一列由壽司組成的火車。你可以在這列「火車」上找出你能想到的任何一種壽司，從最便宜的海菜或章魚到昂貴的生鮭魚或蝦，而價格是統一的，一般均為100日元。為了更近距離的觀察，我盡量使眼睛跟上盤子的運行速度。我還發現傳送帶上較便宜的海菜壽司有四份，而較貴的生鮭魚壽司只有兩份。我坐下來觀察周圍坐在櫃台邊的客人，他們都在享受壽司的美味，邊喝著湯邊看報紙或雜誌。

我看見一個男人拿了八盤壽司，而且都吃得很乾淨。當他準備離開時，收銀員看了一下說道：「請付800日元。」收錄員不需記錄，她只需簡單地數一下盤子然後乘以100就可以了。當客人準備離開時，我們又聽到所有的員工齊聲說「ありガとうございます

（謝謝）。」

LEE繼續在壽司店裡觀察，在百元店裡，たむう教授（主人之一）向我解釋了這家家庭管理餐館高效率運作的原因。這家店的店主有著較高的經營目標，如為客人提供優質服務，對社會做出貢獻或得到公眾的肯定。此外，店主認為組織目標的實現需由全體員工的長期努力才能實現，員工應被視為組成該企業重要的「家庭成員」。

店主的日常管理工作是以訊息分析為依據的。他對不同類型壽司的需求量有一個完整的統計和預測，以此來確切地知道何時準備多少數量的不同類型壽司。此外，所有的工作都遵循工業化生產和即時生產的原則。例如，冰箱容量十分有限（我們看見到幾條魚和章魚放在櫃台前的玻璃陳列櫃裡）。因此，原料庫存量很小，供貨必須嚴格遵守即時供應的原則。飯店並未購買新的冰箱系統來增進其儲存能力，而是與水產供應商達成嚴格的供貨協議，要求一天分幾次運進新鮮水產，使製作壽司餡的原料可以準時到達。這樣一來，倉儲成本就被降到了最低。

在百元店裡，員工與設施設備的位置很近，壽司製作過程中的物料及成品的傳遞，就可以在極短的距離內完成，從而大大地提高了工作效率。從店主到員工都能積極的投入到服務工作中去。他們的工作任務之間的聯繫程度很高，且每人都盡量及時出現在問題發生的現場，盡可能把失誤消除在萌芽階段防止問題的擴大化。

和美國的飯店相反，百元店是一個勞動力密集型的生產系統，管理它更依靠工作簡單化和常識而不是高科技。這給我留下了深刻的印象。當吃完第五盤時，我注意到同一個章魚壽司已在傳送帶上循環滯留約三十分鐘。我想這可能是我發現的這一系統的不足之處，於是我向店主詢問他怎樣處理食物衛生問題，如果一個壽司在傳送帶上循環滯留了一整天後被一位不走運的客人吃到，則極有可能會導致食物中毒。他帶著歉意的微笑邊鞠躬邊對我說「先生，我們不會讓賣不掉的壽司盤保存時間超過三十分鐘」。然後說道：「不論何時我們店的任何一個員工休息時，他或她都會撤下沒賣掉的壽司盤，不是員工吃掉就是要扔掉。我們非常注意我們的壽司的品質」。

本案例記述了一位西方管理學者光顧一家日本餐飲業的感性經歷，展現了一個頗具效率的餐飲生產系統。百元店提供的產品很單一，只有壽司一種，實質上可被視為中國的拉麵館或類似的快餐企業。首先值得我們學習的是其工業化生產方式，其採用傳送帶運送成品並合理布置設施設備，使與人員的供置關係有利於物料的傳遞，這都有利於工作效率的提高。其次，即時供應的原料倉儲管理也是成功經驗之一，這種方法既提高了菜餚品質又降低了倉儲工作，這對於毛利率較低的快餐業經營是非常重要的。另外，該店的食品衛生管理和人情味十足的人員管理也獨具特點。

案例四

Burger King的廚房系統及運作管理

Burger King是美國速食業三大巨頭之一。其員工工作安排，我們已在前面的案例中詳細討論過。與其基本規劃相一致，Burger King的廚房系統具有典型的「生產線」的特徵，可進行高效率的工業化生產。Burger King的主要產品是漢堡、炸薯條、洋蔥圈等。

Burger King製造漢堡的流程和把食品交付給顧客的流程可看作是一種「裝配線」。漢堡三明治沿著一條直的路徑從廚房的後方一直傳送到櫃台。在路徑沿途有一整套工作站。

無論是哪一種漢堡，製造流程的開始步驟不外乎以下兩種：從儲存器裡取出一塊肉餡和一個小圓麵包，這種儲存器被稱為分組器；在傳送帶上放一塊冷凍餡（加大型的或普通型的）和小圓麵包，傳送帶連接著位於廚房後方的特製燃氣炸鍋。餡餅從炸鍋下方取出，然後放入炸鍋，在大約800攝氏度的溫度下烹製。在此過程中，不斷有油滴入特製的隔斷中，同時還可以用炸鍋烘烤小圓麵包。

裝配線的下一道工序是操作台，在這裡把麵包和肉放到特大三明治、漢堡、豪華漢堡三明治、雙份起司漢堡以及諸如此類的食物。這裡是生產線的關鍵部位，也是漢堡可以按照「你自己的方式」裝配的地方。操作台本身是一個長長的不鏽鋼桌子，在它的中央是各種配料（起司片、火腿、酸黃瓜、洋蔥、蕃茄片、萵苣、蛋黃醬）的罐子。所有的罐子都保存在室溫下。在桌子下面是放置佐料和配料的架子，此外還放置垃圾箱。這裡有兩個工作區域，在桌子中間、佐料儲存器的兩側各一個。在每一側的上方，有兩個用於保持三明治溫度的微波爐，有堆放各種三明治包裝紙的架子，還有一系列觸摸控制鍵。這些控制鍵也是廚房訊息流通系統的一部分。在操作台後面的分發中心有一些斜槽，把裝配完的漢堡送到顧客手中。

在主裝配線的一邊是油炸鍋和特殊三明治的操作台。四個油炸鍋都由計算機控制，兩個只用於烹製炸薯條，另兩個用於烹製炸其他食品（例如洋蔥圈、雞肉三明治、嫩雞肉和魚）。在油炸鍋的旁邊是放置已解凍和正在解凍的炸薯條（解凍時間最多為一到兩個小時）的地方。在油炸鍋後面是特殊漢堡的操作台，這裡有專門為它們準備的佐料、麵包和包裝紙。在特殊三明治操作台的一側是兩個加熱器（一個裝烤雞肉餡餅之類的東西，另一個裝嫩雞肉），另一面是麵包烤箱。

在主裝配線的另一側是面向駛入式銷售窗口的自動飲料機。員工只需要把一個裝滿冰塊的杯子放在適當的飲料口，然後按鍵選擇飲料的多少（如小杯、中杯或大杯），機器就會按指令在杯中裝飲料，員工可以在裝杯時間裡做其他事情。奶昔機（加巧克力、香草、草莓）就放在一旁，靠近駛入式銷售窗口和櫃台的地方。

Burger King的員工按照營業需求的速度被安排到各個工作崗位。在需求低峰時，只有少數員工負責快餐店營業：一個訂餐員兼配餐員在櫃台，一個訂餐員兼配餐員在外帶窗口，兩名廚師、一個員工負責烤箱和漢堡操作台，另一個員工在油炸機和特殊漢堡操作台。在高峰時期，有二十四個員工外加兩到三個經理在快餐店裡工作。經理透過對歷史數據的分析，知道什麼時候是高峰時期，並據此安排員工們的工作時間。

在每天的午餐和晚餐高峰來臨之前，需要做許多準備工作，例如把烤箱下的冰箱裡裝滿漢堡、把冰凍的油炸食品解凍、把蕃茄切成片。如果一切按計劃進行，就可以把營業高峰時間內需要再補充的數量降低到最小。

當需求增加時，將增加更多的員工，工作也將更加細分。例如，在營業低峰時期，一個員工同時負責油炸機和特殊漢堡操作台的工作；而在營業高峰時期，這兩個工作區域由不同的員工負責。低峰時期，一個員工同時負責烤箱和所有漢堡的準備工作；而在高峰時期，一個員工向烤箱裡放原料，另外一個或兩個員工拿出餡料和麵包並控制蒸氣炸鍋，最多的時候有四個員工在漢堡操作台負責裝配三明治。漢堡操作台在高峰時期分為兩側，一側加工放起司的漢堡，另一側加工不放起司的漢堡（這種劃分也可能按照以下情況：一側加工大型漢堡，另一側加工小型三明治。區域劃分標準往往取決於具體的需求構成情況。）在營業高峰時期，兩個員工負責保持用餐區域的清潔衛生。

在營業低峰時期，往往只有當顧客提出訂餐要求時才開始製作漢堡和飲料。給顧客的漢堡，也許就是顧客訂餐時按他的要求放在烘烤傳送帶上的那一個。有的食品可以儲存起來，最普通的三明治的存貨（例如普通三明治和巨無霸）一般放在斜槽上，但是存放時間最長爲十分鐘，如果到時候還沒有顧客把它們買走，快餐店就會把它們丟掉。每一個三明治的包裝袋上都標記著「丟棄時間」。該系統按照時鐘所指的數字來表示。所以一個在某小時二十分包裝的巨無霸（在時鐘表面上是第四格）在包裝上就有個記號六，因爲該小時三十分鐘以後（時鐘是第六格）就超過了它的十分鐘保留時間。炸薯條按照一種特別的方式保存，炸薯條的烹製時間大約爲二分三十秒——對於顧客來說，等待的時間太長，所以，必須事先在成品儲存櫃裏準備好。快餐店也保留炸薯條的等候時間。如果炸薯條在七分鐘內還沒有被賣出去，它們就將被丟棄掉（油炸機上的計算機幫助保留每批油炸食品之間的間隔時間，所以炸薯條的等候時間一般不會太長）。

當需求增加時，主要種類漢堡和特殊三明治的成品庫存就應該保持在一定水準。往烤箱裡添加原料的人將按照庫存情況，而不是根據在螢幕上顯示的特別訂單工作。爲了指導運作並在需求增長時保持一定的庫存水準，快餐店用「庫存水準表」進行運作。庫存水準表有四種——烤箱操作員、三明治操作台、特殊三明治操作台和特殊三明治加熱員各持一種。表示庫存水準的指示燈有七個，每一盞燈對應表示物品庫存標準的一個變化範圍。當發生各庫存水準之間的變化（例如，從第四級到第五級或從第六級到最高級）時，一個特定的鈴就會發出響聲，指示燈也進行切換，這樣就可以讓所有員工都知道食品需求的變化。例如，需要在成品斜槽裡放置哪一種類的多少數量的三明治，或是在蒸煮器裡放多少數量的餡餅。操作台的員工時刻跟蹤在每一個斜槽裡的三明治數量，同時監視螢幕上由訂餐員輸入的特別訂單的種類。當員工完成這樣一個訂單時，按下工作台上方的觸摸控制器，刪除螢幕上的三明治訂單。接著員工在包裝袋上做標記，以便於配餐員識別。

對Burger King經理而言，選擇庫存水準時，要同時面對兩種矛盾：一方面是達到快捷服務的標準，另一方面是庫存積壓和浪費的風險。經理通常希望在需求高峰來臨之前提高庫存水準，在需求高峰消退之前降低庫存水準。

需求的大幅度波動使運作變得複雜，而且容易導致服務水準的降低。通常用三個指標來衡量服務水準：⑴「門對門」時間：從顧客進門開始，排到顧客被接待的時間；⑵駛入式銷售窗口服務時間：從顧客的汽車到達、開始排隊到顧客被接待的時間；⑶駛入式窗口訂餐處理時間：從顧客的汽車到達窗口、提出訂餐要求到收到所訂購食品的時間。Burger King各分店一直都在努力保持公司要求的服務水準，即門對門平均服務時間三分鐘，不下車服務平均時間三分鐘，駛入式窗口訂餐處理平均時間三十秒鐘。

爲了持續地達到以上目標，分店經理必須防止運作中出現瓶頸現象。透過向全體員工提供指導、準備一些多的人手，經理可以使營業保持平順。營業額高的分店在廚房裡設立運作主管職位和訂餐員主管的職位。這些工作人員積極地指導員工進行工作，爲處理瓶頸做好準備。特別是在高峰時期，經常可以看到運作主管或經理走上操作台做一般員工的工作。他們一樣也會裝配三明治、用自動飲料機裝奶昔、包裝油炸食品、補充原料，這對於Burger King來說並非什麼新鮮事。經理鼓勵員工之間團隊工作的精神。例如，有空餘時間的人幫助超過負荷的人。實際上，經理對每一個員工的指示是：⑴清楚地知道目前的營運狀況和螢幕上顯示的內容；⑵清楚地知道哪一種原料快要用光了；⑶保持操作台的清潔；⑷幫助那些需要幫助的人。爲了保持平順和高效率的運作，經理需要比其他人付出更多努力。經理的工作不僅僅是打破現存的瓶頸，還要預測潛在的瓶頸。他隨時從員工那裡獲取訊息，尋找瓶頸的所在：有多少輛汽車在排隊等候，有哪一種原料已經快用完了等等。經理還要鼓勵員工們自覺主動地處理需求高峰。

在營業高峰來臨以前做好充分準備，意味著需要處理好瓶頸問題。如果奶昔機沒有裝滿原料，或者收銀機壞了，這些瓶頸就會使快餐店的營業面臨危險的境地，並影響整個服務系統。分店經理必須及時檢查此類設備的數據，以保證不會對營業產生負面影響。

Burger King的廚房系統是屬於流水線式的生產系統，能進行高效率地大量生產。整個製作過程被拆分成簡單的工作任務，再加上機器設備的運作，烹製食品就不需要任何技術了。所以在 Burger King 沒有「廚師」這一工種，服務員既是服務者又是烹製者。以機器替代人力，以簡單生產（流水線作業）替代烹調技術，是其廚房系統的重要特徵。另外，廚房系統中還設置有傳遞訊息的螢幕和按鍵，使員工對生產狀況（如哪一種半成品數量太少需補充）瞭如指掌，便於相互合作（如派多餘人手到瓶頸部位）。Burger King在生產過程中在食品袋中上標明丟棄時間，保證了食品品質。Burger King運作管理的主要特點還呈現在量化管理，如設定衡量服務水準的指標、食品烹製時間、保存時間等，這樣不但明確了品質標準，提高了服務品質，也簡化了管理（照章行事即可）。

行政總廚談廚房管理

上海某集團業務部高級技師王先生，曾擔任一大飯店的行政總廚近十年，具有豐富的實踐經驗。他認爲，廚房管理工作主要包括：技術管理、人才管理和綜合管理三個方面。下面就是他對這三方面工作的理解和實踐體會。

㈠技術管理

1.培訓

飯店都有培訓部，但廚房還是應該自己做培訓。根據飯店餐飲師傅的力量，趁幾位淮揚菜名師高手還在飯店的機會，商請他們教授年輕師傅做拿手的菜點，還聘了一位已退休而專長於宴會的師傅，以推動準淮揚菜在上海紮根。透過培訓，把傳統菜系繼承下來。

2.定級考核

飯店培訓部舉行二、三、四級廚師的考核：公司主要組織一級、特級廚師的考核，行政總廚也參與這項工作。考核內容以繼承師傅傳統爲主，考核廚師是否掌握了師傅的名菜名點，占比例70%，另外30%爲創新菜餚。

3.飯菜品質管理

這是主要的、根本的東西。飯菜品質問題每時每刻都要講究，不能講情面，有問題必須指出來。發現灶上有不符合品質標準的飯菜，決不能拿出去。行政總廚手下還要有一個技術級別比較高、較有威信的師傅配合好品質把關。

4.展開多種業務活動

一是創新菜色；二是參加食品節、美食節，拿出代表飯店的菜餚，還有各種烹飪比賽也是行政總廚應該考慮安排的。

㈡人才管理

1.日常工作定位

飯店餐廳分為宴會廳、海鮮廳、中餐廳，還有小吃、客飯。分配師傅時一般比較重視宴會廳，對小吃、客飯有時容易忽視，應予注意。

2.分階段變換職位

廚師在廚房做的時間長了，因種種原因少數人不適合在原來職位上工作，就應該趁適當機會調動職位。

3.等級上灶

頭灶、二灶、燒魚、蒸鍋、燒湯（沙鍋），都應按等級明確分工。

4.掛牌操作

一般對外介紹有幾個一級師傅、幾個特級師傅，以及姓名，低級別的師傅就不掛牌，要掛有責任性、有特色的師傅。

5.師徒帶領上灶

把新進的助理分配給師傅，在實做上灶的實戰中，師傅逐步教會助理掌握廚藝。

㈢綜合管理

1.清潔衛生安全管理

⑴一手清制度。廚師一定要手腳乾淨俐落，灶面、砧板、灶台都要乾乾淨淨，灶頭工作結束後即沖洗乾淨。這是我們過去的好傳統，應該發揚，現在卻發生了廚師只管燒菜、不顧衛生的現象，這是不正常的。

⑵掌握冷盤間的「四白」：白大褂、白帽子、白鞋子和白口罩。進冷盤間手要洗乾淨、消毒。

⑶飯菜燒熟煮透。這個特別重要，看起來大家都明白，可是毛病往往出在這裡。

⑷瓦斯安全。瓦斯毛病大多出在油鍋操作上，開油鍋時，人一定不能走開。

2.成本核算

行政總廚要稍微懂成本核算，能計算帳目。只要核算出營業額和食品領料數以及食品領料數 30%的燃料、調料，兩者一比較，就可以大致估算出盈利的情況。一般是十天或月底做一小結。

3.財產管理

餐具管理要特別注意。有時帶餐具到外面比賽或表演，拿去多少餐具，行政總廚都要心中有數，還要叮囑廚師留意，如數帶回。特別是現在餐具日趨高級、貴重，如銀器，少了一件就損失很大。還有廚房設備設施，該添置的就要添置，該維修的就要維修。

4.協調管理

包括團隊與團隊的協調、廚房與餐廳的協調。以出菜爲先，燒菜爲主，食譜是死的，而人是活的，如食譜上寫有炒高麗菜、炒菠菜、炒豆苗等，但實際情況往往是有這個沒那個，碰到餐廳客人點的菜沒有，餐廳和廚房就要配合好，靈活變通，推薦相關菜餚。還有，廚房之間、廚師之間有時會出現一頭忙、一頭閒的情況，行政總廚要善於調劑，如在兩個廚房之間、案板與爐灶之間進行適當的人員調制；有時碰到忙碌時沒有人員補充，行政總廚應向廚師打招呼，鼓勵他們。

行政總廚是大型餐飲業廚房管理的總負責人，需對廚房的運作實施全面的管理。本案例中，行政總廚王先生結合多年的實踐經驗，闡述了廚房管理的各個方面，重點討論了技術與人才管理的問題。這說明，行政總廚與一般主廚的工作內容有較大區別，前者注重廚房管理的全面，偏重軟性、粗線條的管理，如技術、人力協調等；而後者則偏重具體的業務運作。

關於廚房承包的一場討論

書香餐廳是一家擁有300個餐位的餐廳。開業以後，營業狀況一直欠佳，顧客對菜餚品質問題投訴頗多，菜餚綜合毛利率也很低，總公司遂派人前來調查原因。經多方研討，發現主要問題在廚房的用人。該餐廳廚師大部分是從學校餐廳調來，缺乏從事社會餐飲的經驗。主廚及少數幾名幹部廚師屬於外聘，但工資標準是參照學校相對工種而設定的，工作積極性不高。餐廳經理曾試圖改革廚房工資制度，但仍限於學校相關規定的限制，並沒有大的起色。

面對越來越嚴重的營業下滑，總公司決定對廚房用人進行一次較爲徹底的改革。總公司專派一名副總趙先生負責此事。此事傳開，就有好幾位所謂「廚房承包」前來接洽，聲稱要承包廚房。

該副總一直在學校後勤工作，對社會餐飲經營知之甚少，只偶爾聽說過社會餐飲企業中很「流行」廚房承包。爲愼重起見，副總邀請了該校餐飲專業的教師丁先生和當地另一家餐廳的經理李先生及書香餐廳經理劉先生，共同商討廚房承包的事宜。

趙副總（以下簡稱趙）：各位好，今天煩請大家來談談書香餐廳的廚房承包問題。我是外行，能不能先講講廚房承包是怎麼回事。

丁老師（以下簡稱丁）：廚房承包實際上是一種工資承包。具體做法是，餐飲業將本企業廚房工作承包給一至幾名廚師，由承包人招聘組織廚房工作人員、安排廚房工作、負責廚房管理，並根據工作內容、工作量和雙方商定的一些其他項目，確定廚房工資總額，由承包人統一發放和支配。

趙：爲什麼要有這種工資承包形式呢？

丁：主要有幾點原因。其一：由於廚房工作的特殊性對專業技能的要求較高，一般企業要管理好廚房的難度較大。所以，對於廚房這種非常重要而又非常難管的部門，企業索性以工資承包的形式委託專業人員管理，既明確了責任，又省去了許多具體管理上的麻煩，如職位設置、人員招聘、工資計算、菜餚品質控制等。第二：工資承包形式增加了廚房承包人數，調動其積極性，使其在內部管理、新菜開發上，投入更大的努力。

劉經理（以下簡稱劉）：在書香餐廳這麼久，我發現廚房管理很難上手，而且主廚也不止一次地跟我提起工資的事。

李經理（以下簡稱李）：我補充一下，我管理的餐廳曾做過廚房承包，這樣做有利於廚房的內部工作協調和品質的穩定。中國菜系眾多，廚藝流派也相當多，門派分立現象比較嚴重，非「同一門派」的廚房人員一起合作，往往各執己見，很難進行統一管理。所以承包組織人員，一般用的是自己的徒弟或同一門派廚師。這種做法符合了中國廚師教育的傳統，中國的廚師教育，其基本形式是師傅帶徒弟，師徒之間關係密切。這樣，作爲承包商，既是主廚，又是師傅，在廚房管理中，其指令便於貫徹實施，廚師們在工作中也易於達成默契，有較高的生產效率。同時，由於師出同門，廚房各成員菜餚製作方法與思路基本一致，這就有利於形成廚房出菜的統一標準，不會出現同一菜餚多種口味、多種形式，從而保證了菜餚品質的穩定。

劉：李經理說到重點了，我們書香餐廳遇到的就是這種情況。主廚和少數幾個廚師自成一派，而原先來從學校的那批人又成一派。工作時經常有矛盾，菜餚品質標準很難統一。一個菜至少有兩種以上的做法。

趙：那麼工資承包的額度大約是多少呢？

丁：這方面李經理最有發言權。

李：承包工資總額的多少，沒有一個定數，很大程度上看承包商的名氣與行業影響。在我們餐廳，有大約400餐位不到，請了一個「中等」廚師來承包，每月約二萬元。

劉：包括粗加工和洗碗工嗎？

李：不包括。

趙：劉經理，我們廚房現在的工資總額是多少呢？

劉：大約一萬九千，包括粗加工和洗碗工在內。

趙：我看如果我們也實行承包的話，廚房工資總額也不會增加多少。但承包後會不會有什麼不好的地方呢？

李：依我的經驗，主要是出現了許多管理協調問題。廚房承包之後，承包商在用人、分配、成本控制、品質管理和菜餚品種確定等方面擁有較大自主權，而我方則很難直接插手廚房管理。因此，在廚房與餐廳的管理，如出菜速度的控制、服務員與廚師的配合、廚房與餐廳的訊息溝通、餐飲經營整體方案的推出等方面，就出現了問題。另外，廚房內部人員往往容易形成小集團，使我們的有關規章制度很難在廚房得以眞正貫徹實施，較容易形成「國中之國」的半獨立狀態。

趙：丁老師，你的學生從事餐飲的很多，這方面的見識不少，你看有什麼問題。

丁：我在一些地方也聽說過類似的事。我補充幾點，都與承包的具體操作有關。首先是承包金額確定的標準和形式問題。餐飲企業依據何種標準來確定廚房承包工資額度，目前尚無統一規範。通常做法是企業根據承包人的工作經歷、名氣、試菜情況和企業規模的大小，與承包人共同商定出一個「價格」。這種「議價」方法主觀性太強，隨意性太大，不一定能確定一個較合理的工資額度。因爲廚師隊伍人數眾多，難免良莠不齊，而這種「議價」方法無統一客觀標準，企業很難把握，往往使工資額度的確定關鍵在「談」而不在承包人的實際工作水準有多高。一些水準不高的廚師有可能透過「談」獲得較大的工資額度，甚至可以透過給某主要管理者一定的好處來達到目的。同時，雙方商定的價格在形式上往往未將廚房工資與今後的菜餚營業額結合起來，使承包者不承擔任何經營風險。所以，有部分新手廚師以魚目混珠法獲得承包權，在不承擔任何風險的情況下做了幾個月，再換到另一個企業，進行「打一槍換一個地方」的游擊方法賺錢。

劉：丁老師說對了。就我所知，某大學的一個餐廳就遇到過這類「游擊廚師」，損失不少。

丁：其次，是合約中的承包責任條款問題。企業與承包商簽訂承包協議，其合約條款大多較爲含糊，未能明確承包方的具體責任。於是，許多承包商往往以較低的價格先獲得承包權，而後利用合約條款的漏洞，以各種藉口如供應餐數增加、工作量增加等要求企業增加工資，甚至以集體罷工相要脅，使企業騎虎難下，不得不滿足承包商的的要求。還有，由於沒有明確承包責任，營業中的某些廚房責任事故，如發生退菜現象，往往追究不到承包商責任。我的一個學生在度假村當副總，他就遇到過這類事。

趙：看樣子，廚房承包還是個很複雜的事情。

劉：我還擔心，廚房承包後我們很難培養出自己的廚師了。
趙：不管怎樣，我們先試一試。劉經理，你負責草擬一個合約。丁老師、李經理，麻煩你們二位幫忙協助一下。

半個月後，書香餐廳進行了嘗試性的廚房承包。由於準備充分、操作得當，基本實現了預期目標，改善了菜餚品質和廚房管理。

本案例呈現了目前餐飲業較為流行的一種廚房人員管理方式——廚房承包。這是餐飲發展到一定階段對專業化管理需求增加的必然結果。與此相類似，西方國家出現了一種專業的合約制餐飲管理公司（Contract Catering Company），他們與業主簽訂合同，為業主提供專業化餐飲管理服務。這種公司已相當多。

本案例還討論了廚房承包的主要利弊。廚房承包提高了廚師積極性，有利於廚房內部管理的協調統一，保證了餐點品質標準的統一。但也使廚房管理相對獨立，產生與餐廳其他部門的協調問題。案例還揭示了目前廚房承包具體操作上的一些問題，如承包金、合約條款與責任等。這些都足以成為餐飲企業管理者在實施廚房承包時應重視的問題。

案例七

廚師按級上灶制

上海某大飯店爲提高菜品品質，調動廚房員工的工作積極性，實行了一種特點的廚師工作管理辦法——廚師按級上灶制。

他們將所有灶位分爲頭灶、二灶、三灶、四灶……每個灶位由相當級別的廚師上灶。頭灶、二灶兩個灶位，上灶廚師的級別必須在二級以上，主要烹飪傳統中國菜、風味特色菜、宴會菜以及客人特殊要求的菜點。其中，頭灶必須是廚房內級別最高的廚師，如果頭灶廚師因故不能上灶，則由廚房主廚代之，其他廚師不能替代。確保這些灶位製作名、特、優菜餚，三灶、四灶，分別由三級、四級廚師上灶。這兩個灶位的廚師主要負責中、低層次魚、肉類菜餚的製作。因爲三、四級廚師已有一定的烹飪實踐經驗，出手也較快，能做到較短的時間裡出菜。五灶以下灶位可爲一般廚師學習灶位。這些灶位的廚師主要負責蔬菜、普通點心和炒米飯等。其目的是鍛練低層別廚師的手勢，掌握火候等技術，逐步達到熟練的程度。

以上爲廚師按級上灶的主要做法。爲使這一做法的順利實施並收到效果，還應採取以下的相應配套措施。

1. 明確廚房發菜人員的職責。
2. 點點出廚房，由主廚爲品質把關。主廚對廚房的餐點品質把關，是實行廚師按級上灶制度的重要環節。餐點在呈給客人時要符合規格，應做到各灶位廚師製作的餐點，出廚房必須經主廚檢驗，色、香、味符合要求，才能由服務員送上餐桌。對不符合規格的菜點，主廚要讓廚師重新製作，並由主廚追究廚師的責任。同時，要求發菜人員配合主廚把好品質關，發現不符合規格的菜餚，及時與主廚取得聯繫，讓廚師重新製作。
3. 對各灶位提出不同要求。充分發揮各灶位廚師的技術特長，並最大限度地發揮廚師的技能，是實行廚師按級上灶制度的基礎。首先，在班別安排上，要保證滿足中晚兩餐的需要，所有灶位廚師必須上一班制日班；負責兩頓飯的餐點製作。尤其是二級以上的高級廚師必須上這一班。這樣既能使他們有充足的時間實踐烹飪技術，又能保證各灶位餐點的品質。其次，高級廚師不應做雜務工作，使他們有充足的時間鑽研技術。那麼，應怎樣要求高級廚師鑽研技術呢？⑴要求高級別（二級以上）廚師參加食品研究小組。作爲研究小組成員，參加活動，對推出創新菜品種，提高特色菜和一般餐點的品質進行分析研究，互相交流廚藝。⑵參加菜餚品質分析會，就菜餚品質的狀況及存在的問題進行分析。⑶高級廚師都有爲三級以下廚師上課培訓的任務。這樣，備課的過程，也就是他們鑽研、提高的過程。高級別廚師不做雜務工作，還能使他們具有充沛的精力，在灶位上操作時，能保持最佳技術狀態。再次，對三級以下的廚師進行在職培訓，培訓的方式主要爲：⑴利用每天用餐高峰時間過後，高級別廚師在較低級數的廚師灶位旁施教，講解具體操作要領。施教時間內的菜點，由高級廚師負責。⑵利用每天兩個用餐之間的工餘時間培訓。主要採取看影片上課，請高級廚師、主廚講課，請衛生員上食品衛生知識課。這樣，對不同級別的廚師提出不同的要求，並針對性地採取一些行之有效的做法，使他們上灶後，都能較好地發揮各自的技術特長。

4.嚴格獎罰制度。實行嚴格的獎罰制度，是實行廚師按級上灶制度的關鍵。廚房工作的所有內容按職位責任制。頭灶、二灶的廚師，一個月裡無品質事故或無差錯，可酌情加獎。具體考核辦法爲：⑴根據主廚對其掌握的情況；⑵根據餐飲部對其餐點品質抽查的情況；⑶根據客人反映的情況。將以上三方面情況匯總，做出是否有事故或差錯的評估，其他灶位的廚師，一個月裡，有特殊成績的也酌情嘉獎，無特殊成績一般不嘉獎。具體考核辦法爲：⑴平時抽查餐點品質的情況；⑵灶位檢查操作的情況；⑶主廚按職位職責考核的情況；⑷不定期到餐廳聽取客人反映的情況。將以上四方面的情況進行匯總，做出是否有特殊成績的評估。這樣，一方面能使餐點品質穩定在優質的評價，另一方面，也能鞭策中、低級別廚師積極鑽研業務，爭取升級。此外，爲確保各灶位的技術水準，按照上灶的廚師，兩個月裡若連續發生責任事故，在對其進行必要的處罰時，可建議有關部門給予降低廚師級別的處罰。降級以後若要恢復原級別，則需重新參加晉級考試。

按級上灶制實行後，該飯店收到了預期的效果。主要表現如下：

1. 菜餚品質有了明顯的提高。名菜和傳統風味菜的品質能得到保證，菜餚的色、香、味可不斷得到提高。
2. 出菜速度加快，可保證每道菜上菜時間間隙的合理性。同時，出菜時間縮短了，加快了餐廳翻台周轉的速度，使餐廳能接待更多的客人。
3. 廚房確立了以主廚爲中心的管理機制。實行廚師按級上灶，主廚本應發揮的管理效能得到充分的印證。一是主廚按規定實行按級派灶，改變了過去隨意配對式的派灶方式，可使廚師主動且自覺地按分派的灶位操作。「小師傅灶上掌勺，老師傅灶下休息」的現象能得到改觀。二是品質差的餐點，主廚可直接指正，改變了小師傅燒高級菜出差錯，主廚有苦難言的狀況。三是廚房管理處於良好循環後，主廚騰出了一定的精力考慮管理上問題，主廚重在組織與指揮的作用能得到較好的發揮。
4. 調動了廚師鑽研業務的積極性。按級上灶，獎罰分明，客觀上形成了有十分本事必須全拿出來的工作環境，廚師的工作成績一目了然。

本案例揭示了廚房管理中的一個常見問題，即「小師傅灶上掌勺，老師傅灶下休息」的現象，這嚴重影響了菜餚品質，並傷害了大部分員工積極性。實行廚師分級上灶，區分了灶位的重要性程度，使各個等級的廚師可在相對的灶位從事操作，從而保證了菜餚的品質，也督促了低等級廚師的積極性，同時也使他們能得到足夠的實習機會。另外，該飯店相應配套措施的推出，也鼓勵了公平競爭，促使無論是高等級還是低等級廚師不斷提高技術水準，確保各自的上灶位置。

案例八

Red Lobster 海鮮連鎖店的標準化管理

Red Lobster 是美國迄今為止經營最為成功的餐飲業之一，主要為北美洲顧客提供各類海鮮菜餚。

Red Lobster 海鮮連鎖店是由佛羅里達的一家餐館老闆創建的。在 1993 年，它二十五周年時，這個公司在四十九個州擁有六百家餐館，為 1.4 億位顧客提供價值 700 萬英磅的海鮮。Red Lobster 還擁有五十七家加拿大餐館。

Red Lobster 成功的部分秘密就是它穩定的價格，以及給人一種家庭式的吸引力。除了有合理的價格外，此公司還建立了一個好的聲譽，即可以提供一貫的品質和各式各樣的海鮮。一貫的品質並非偶然的結果，它來自於對購買海產品的嚴格品質規定，來自於經檢驗的廚房設施，來自於給每家餐館傳遞準備細則的獨特方法。

Red Lobster 現在是全世界最大購買海產的餐館之一，它吸引了來自將近五十個不同國家的供應商，並使用了極盡嚴格的購買手冊，盡力與供應商建立長期的合作關係。Red Lobster 的擁有者不僅要熟悉餐飲業，而且還需要有海洋學、海洋生物學、金融學、食品製作過程方面的知識。他們與供應商和食品製作者共同工作，以確保他們的捕撈與製作符合Red Lobster的高品質標準。既然Red Lobster可以確保高品質的供應，那麼它是怎樣讓650家連鎖飯店一致地符合標準呢？答案的重要部分之一，就是標準化的廚房營運系統。在這裡，人們嘗試了不同的食品準備方式，被推薦的烹飪法和備料準則進一步得到了發展。甚至關於餐盤上食品如何切割和擺設的細節都加以規定。Red Lobster 是如何將這些細節傳遞給這個龐大系統的各個部分的方法之一就是透過「Lobster 電視網路」的運作，在這裡，Red Lobster 製作了影片，教授備菜和服務技巧。影片光碟放入VCD中，所有餐館的經理和他們的員工就立刻會得到新的啓發，新的組合菜餚，以及促銷和服務的新觀念。Red Lobster 廣泛地採購高品質的海產，使得以前在北美餐館沒有出現的玉米蝦、雪足蟹等也擺上了餐桌。儘管公司的規模龐大而複雜，它與供應商的許多交易還都是口頭形成的，而非書面的合約。毫無疑問，Red Lobster 是北美最成功的連鎖餐館之一。證據就是它每週的顧客評價在同類餐飲業中是最高的。這個公司的歷史和目前的持續增長，大部分要歸功於它完美的營運系統，這一系統確保了在合理價格上的一貫性、標準化的服務。

對於擁有六七百家連鎖店的餐飲集團，最令人頭痛的莫過於如何維護恆定統一的品質，特別對於經營海鮮類易腐性菜餚的企業集團，這一點尤為重要。Red Lobster透過兩個方面的努力獲得了成功。一是內部營運系統的標準化，其運用電視網路的做法大促進了標準化。二是與供應商的成功合作，保證了原料供應的起初環節也能達到品質標準，這與其經營海鮮菜餚這一特色產品的要求是相符的。

案例九

採購與驗收的規範管理

北京某飯店採購部經理，遇到採購管理中一個常見的問題——採購與驗收工作的矛盾。

飯店採購的物品，因沒有成文的標準和明確的分工，收貨組只管收貨不管品質，往往到了使用時發覺不好才退貨。這樣，就產生了一個弊病——經常與供應商互踢皮球，尤其是生鮮貨品，常常是公說公有理，婆說婆有理。於是，飯店將採購和收貨完全分開，實行規範化管理，確立和完善了飯店物資採購的請購、報價、審批、驗收及報帳制度，使物資的採購、驗收等環節相互制約。具體措施如下：

㈠採購管理

食品的採購，請購單需由使用部門專人填寫，以確定數量和規格，而採購員上報品質和價格，再由主管經理批准執行。

1. 統一採購標準，並且以書面形式確定下來。採購標準的文字說明必須清楚明瞭，不能似是而非。這些標準將作爲收貨依據。該標準包括品名、規格、品質、價格、供應的方式與時間、結算的方式與時間，達不到標準的處理辦法等。由於控制了規格與品質，即使經辦人出差或生病，其他人頂替也可按此程序操作，不至於因人而異。
2. 合理認定價格。物價是多變的，如蔬菜價格一天三變，早中晚都在變。飯店每週一派兩位採購員去北京三個最大的農產批發市場，把菜價呈報上來，綜合三家，取出平均價，也就是飯店每星期的收貨定價，這樣相對來說，成本在一週內穩定。由於飯店需要的菜餚原材料品質要求較高，如白菜，收購時須剝掉老菜葉，在原價上略微上揚。這樣做是因爲飯店勞動力成本較高，減少加工勞力，成本也相對降低下來了。

3. 每天塡寫工作日誌。內容如一天的市場情況、工作情況、到何處、做何事。每週由主管經理審核，以此來了解員工的工作內容和成效，便於考核。有一次，指定廠商罐頭缺貨，採購員臨時找了另外一家去買，有人檢舉說他爲了回扣而改選廠家，採購部根據日記上的記錄，是五月二日的事，去指定廠商裡調查，這一天廠裡的確無貨，而且進的罐頭價格不一樣是因爲管道不一樣，外包裝不同。

4. 根據行情定購量。採購員要經常進行市場調查，提供數據，這樣工作量是大了，但有利於降低成本。例如，市場調查後，知道哪些要漲價，就應多採購一些作爲儲存；哪些要跌，則少購些，只要滿足當前甚至應付當天即可。

客房用品的採購專業性較強，採購部一般爲指定採購，這樣品質可保持穩定。如肥皂，多少克？每克折合多少錢？怎樣的外包裝？香水是進口的還是國產的？在定價時一部分一部分地分解，提出價格依據。然後使用樣品，看它的去污性能，根據用後的反映情況，包括它的外形、洗淨度、手感，認定後收貨組封樣，再大量採購。

同時，飯店保證手上握有兩個生產廠家，並且有意讓對方知道我們有多家供應商，這樣可以有一個比較，也可以牽制對方，使生產廠家不敢馬虎。

㈡驗收管理

飯店採購部規定，如果收貨組認爲不合格，採購人員不能說情。當然，收貨組的人也不能建議採購員去某某地方採購。

收貨後必須製表，哪個廠家，什麼貨物，是哪個部門用，多少錢，然後輸入電腦。實行電腦管理，對每日、每月飯店所需的物資購進、驗收等情況進行匯總製表、歸檔，好處之一就是庫存一目了然。

收貨合格後，如果營業部在使用時發現有品質問題，那就是收貨組的責任。當然，營業部門也不能簡單地否定收貨組的工作。有一次，採購來的豬肉，廚房發現顏色不對，認定不是現殺的，而是經過了較長時間的冷凍。收貨組對此進行了很週密的解釋工作，他們請主廚去加工廠看豬肉生產流程。參觀後才知道，宰豬後，有一道恆溫排酸工作，豬肉在恆溫室裡停留三～四個小時，然後才能出廠，這比現殺現賣更科學。有些貨物不能當場驗收，如冰凍的蝦，因爲整缸整箱都是冰凍的，表面上看起來可能都比較好，但裡面情況不得而知，只有融化後才能驗收。知道它一斤有多少隻，才能確定貨物的品質。

在物品驗收上，一定要核對原樣本。有一次，肥皂包裝上印刷模糊，字體不清，由於事先有樣本，在退貨時，廠方也無話可說。

採購與驗收是緊密相連的兩個管理環節，驗收實質上是對採購的一種監督。這兩個環節必須嚴格區分開來，實施各自的操作才能達到相互監督的目的。本案例揭示這兩個環節混淆的弊病，也介紹了飯店將此兩個環節完全分開、實施規範管理的具體方法與措施。這對餐飲企業做好物質原料採購工作具有一定的參考價值。

業餘兼職物價搜集員協助降低採購成本

華東某市一大飯店進行了採購制度的改革。隨著這項改革的深入發展，在總經理室的提議下，由工會帶領，成立了一支業餘兼職物價搜集員隊伍。這支隊伍，透過一年多的工作，對飯店採購的物資價格實施了有力的監督和指導，有效地協助飯店財務部門控制了採購資金的支出量，和降低了飯店物資採購成本和價格，爲飯店降低成本、增加效能和利潤目標的實現發揮了較大的作用。

㈠業餘兼職物價搜集員隊伍的成立

飯店增加了內部管理機制改革的力度，以制度改革爲優先，以降底成本、增加效能爲重點，確定了以採購、耗能、用人爲降低成本的三大「潛力區」，並針對這三大「潛力區」，加快了建立現代企業管理機制的步伐。在物資採購方面，以控制採購現金的支出、降低物資採購成本和以市場最低價採購飯店合格物資，爲採購管理機制改革的主線和核心。爲此，飯店推出了一系列關於物資採購管理的新規定、新程序。同時，考慮到在目前市場物資價格不盡規範的情況下，需要掌握飯店物資採購價格的大量訊息，決定對專業採購員實行採購物資的價格監督和指導，讓員工參與飯店物資採購價格的民主管理和民主監督。一支業餘兼職物價搜集隊伍就這樣成立了。

飯店業餘兼職物價搜集隊伍由十名員工組成，成員來自基層，其中設正、副組長各一名。組長由工會副主席擔任。採取志願報名和聘請方式決定人選。條件是熱愛飯店，工作責任心強，不怕吃苦，正派公道，作風穩健、紮實，具有一定的商品價格知識。具體任務是定期對市場有關物價進行調查，準確掌握物價訊息，與飯店採購的同規格物資價格進行直觀類比，對飯店專業採購員採購的物資價格實施有效的監督，指導專業採購員始終以同等品質市場最低價採購飯店所需物資。職責是如期完成指定物資的物價搜集任務，所搜集的物價必須眞實、有據、可靠並經得起檢查。至於搜集物價所花的時間，當然是業餘的。

㈡基本運作過程

業餘兼職物價搜集員所擔當的主要任務是對飯店已採購的同規格、同品質的物資價格進行廣泛市場調查，做出直觀類比，鑒別飯店已採購物資價格的高低，達到價格監督和指導的要求。爲此，在運作上分爲三個步驟：

第一，分配任務：每月每週由組長從財務部電腦中隨機抽取二十～三十種飯店已採購的酒水飲料、乾貨調味品、洗滌用品、辦公用品、工程配件等物品名稱、價格和規格，分類分配給物價搜集員。

第二，物價搜集：當月第二、第三週由物價搜集員利用業餘時間進行市場物價搜集，並將搜集的物價與飯店已採購的同類物資價格進行直觀類比，塡表並送交副組長匯總。

第三，監督指導：當月第四週，由組長通知財務部、採購部，若搜集員所搜集的物價高於或等於飯店已採購的物資價格，則採購員仍可向原供貨商進貨；若搜集員所搜集的物價低於飯店已採購的物資價格，則通知採購部查明原因，調換該採購項目的供應商。

㈢工作成效

飯店業餘兼職物價搜集員從事物價搜集工作十八個月以來，總計搜集物價 600 項，涉及 200 多個搜集點（供貨商），所搜集的價格，平均每月高於或等於飯店已採購物資價格的爲 400 項，低於飯店已採購物資價格的為200項。2000年飯店比1999年共減少採購資金支出450多萬元，節約採購成本211萬元。誠然這是飯店整個物資採購管理制度改革各個方面共創的佳績，但是，飯店這支業餘兼職物價搜集員所發揮的作用，也的確是功不可沒的。

㈣相關條件支持

業餘兼職物價搜集員隊伍運作的成功，還有賴於各方面條件的支持。

1. 成立業餘兼職物價搜集員隊伍並能有效地工作，必須要有總經理的重視和支持。成立這支隊伍的本身，表明總經理具有強烈的推行員工參與民主管理、民主監督的意識，尤其是在飯店物資採購這個敏感的神經區敢於這樣做，需要無私、廉正的胸襟。
2. 在選擇業餘兼職物價搜集員時，要堅持條件，特別要選擇工作責任心強、不怕吃苦、作風踏實的員工擔任。同時要考慮物質獎助和精神鼓勵，對工作出色的人員，可評為「明星員工」。
3. 做好物價搜集工作要掌握一定的商品價格知識，工作前需要進行有關商品物價知識和採購技能、技巧的培訓。
4. 物價搜集、監督和指導工作是一項系列工程，每月一個循環期，需要有關部門的配合和支持。如財務部需要提供抽樣參數，採購部需要根據搜集物價調整進貨商家，並根據搜集數據對採購員實施獎懲等等。沒有了相關部門的通力協助，這項工作就不可能順利展開、收到成效。

業內的人士都很清楚，飯店、餐館的採購是一個「肥缺」。這從另一個角度也說明了採購管理的難度。對物價訊息的掌握是採購管理的關鍵。而保證物價訊息的準確性和真實性則需管理者「兼聽」，即從多方面、多管道了解訊息，而不是「道聽塗說」僅僅依靠採購部。利用群衆監督建立業餘兼職搜集員團隊，是一種行之有效的辦法，它擴展了物價訊息的來源和管道，而且業餘兼職身分，使搜集員們能了解到更為真實的訊息。當然，正如案例中提到的，建立這樣一支隊伍本身就需要管理者（在非民營企業）具有足夠的勇氣來踏入這一敏感的區域。然而，值得商榷的是，在沒有足夠物質回報的前提下，如何能長時間保持這支隊伍的繼續存在和穩定呢？

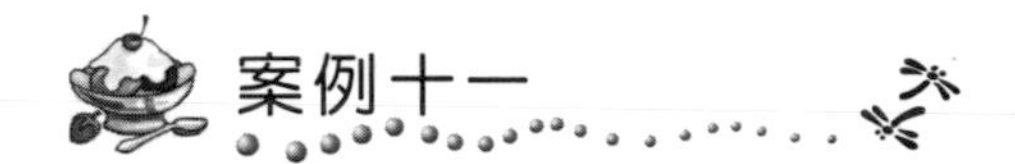

某飯店餐飲標準成本控制

南京某大飯店採用了標準成本法，實施對餐飲部的成本管理。在精確計算的基礎上，飯店爲餐飲部的每種菜餚都確定了標準成本。營業期末，再將餐飲實際成本與標準成本相對比並進行分析，找到二者之間的差異及相應的原因，協助餐飲部做好成本控制。具體做法如下：

㈠餐飲標準成本的確定

飯店首先製作了標準成本卡，這項工作由廚房和財務部餐飲成本組共同完成。主廚根據菜單確定每個菜餚的配方和用量（酒水由飲食部酒吧組負責），由財務部成本組根據當時原材料價格計算出標準成本的金額。完整的標準成本卡還應配上菜餚或酒水、點心的照片。在餐飲經營中，由於有客人單點、宴會、自助餐及飯店內部公關等多種用餐形式，因此餐飲標準成本的確定方法也各不相同，飯店採取了不同的辦法。其中，單點菜餚按照每個品種菜餚的標準成本確定；宴會可以按照每套菜單中各種菜餚、點心確定整套菜單的標準餐，飯店內部公關標準餐的標準成本確定方法也類似；自助餐的標準成本確定不易把握，飯店對此十分慎重，先對自助餐投入的菜餚、點心、水果分別計算成本，然後再根據客人用餐人次和消費掉的菜餚數量經過估算，測算出每位客人用餐的標準成本近似值；酒水的標準成本確定比較簡單，飯店只需對銷售過程中配置的混合酒按照配方計算出標準成本，一般酒水只需按照一定時期的標準價格計算即可。

㈡標準成本的計算過程

該飯店實行了電腦化管理，這爲實施標準成本控制帶來了方便。餐飲部在實際的經營過程中只需將每一種菜餚、酒水、點心的售價和標準成本價格事先輸入收銀電腦系統，在任何時候運用飯店電腦系統都可以取出各餐廳分類的銷售收入、標準成本、標準成本率等指標的電腦報告，但是在實際操作過程中，部分餐廳存在如下一些原因往往使電腦不能處理出標準成本：

1. 宴會餐廳餐飲以及單點餐廳中，按標準用餐的團體餐和飯店公關用餐，由於標準及菜單的經常變化，經常導致成本也隨之變化。
2. 餐廳推出特選、臨時性特別菜餚等電腦中無標準成本價格的品種。
3. 餐廳餐廳收款員不能準確地按照貨號輸入訂單菜餚，而大量地使用電腦中食品或酒水功能鍵，使電腦無法按菜餚進行分項統計。這種情況下就需要成本組，按照每一張未識別帳單後的宴會菜單或餐廳訂單進行單獨統計，以達到各餐廳銷售的全部品種都能計算出標準成本。

㈢標準成本分析

實施標準成本分析是控制的關鍵。

當月底財務人員將餐飲標準成本計算出來時，其結果與當月飲食部實際耗用成本差異比較大時，這就需要分析影響實際成本差異的正常因素和不正常因素。

影響實際成本差異的正常因素有：

1. 飯店經營過程中，向客人提供的免費歡迎酒水、房間內贈送水果、食品等。
2. 免費客人的餐廳消費。
3. 沒有即期收入的飯店內部公關消費和飯店高級管理人員的消費。
4. 當期餐飲原材料價格與制訂標準成本時期原材料價格變化幅度。

而影響實際成本差異的不正常因素有：

1. 食品、酒水供應儲存過程中產生損耗、短少，但由當期實際成本承擔。
2. 食品粗加工過程中產出率提高或降低。
3. 食品烹飪加工過程中產生損耗或漏洞，如加工用量不當造成浪費、品質不合格食品不能提供給客人等。
4. 餐廳銷售過程中、管理不當造成收入或成本流失，如：不按照訂單出菜甚至無訂單出菜等。
5. 廚房、餐廳經營過程中的合理的綜合利用可以降低實際成本消耗，如魚頭、鴨骨、碎牛肉等做湯，自助餐廳客人未用的剩餘水果做水果沙拉等。

在分析的基礎上將影響實際成本差異正常因素，根據飯店內部有關統計單據、報表計算結果，逐一剔除出來，然後再與當月實現的營業收入的標準成本進行比較，這個差異結果就是當期實際成本與標準成本的差異。這個差異的小與大完全反映了飯店餐飲成本控制水準的高與低，需要認眞分析、尋找出不正常的影響實際成本差異原因，管理方可據此採取相應的控制管理措施。

標準成本控制法是大型餐飲業常採用的一種餐飲成本控制方式。它需要大量的人力、物力投入做好基礎工作。標準成本控制的基礎工作是製作標準成本卡，要對每一種菜餚、酒水都設定標準成本。在這個基礎上，還需統計並計算菜餚酒水的實際成本，再予以對比分析，找出形成差異的原因，便於管理者採取相應措施。這種方法比較能準確地反映成本控制的實際情況和協助管理者找到成本控制的失誤點，但需比較大的投入，而且需企業已實行電腦化管理。所以，一般中小餐飲業較難採用此法。

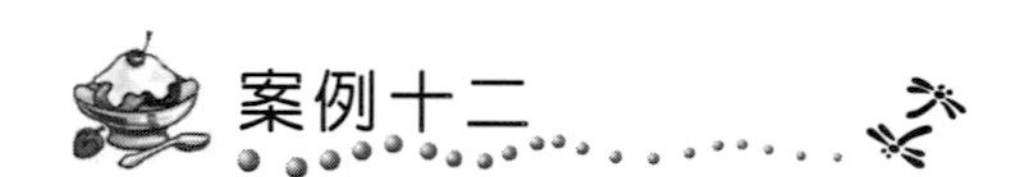

原材料有效利用率管理法
——一種新的成本銷售分析法

山東某飯店經多年研究，提出了一種新的飲食成本與銷售分析及管理的方法，稱爲原材料有效利用率管理法。

目前，行業內對成本管理實行的方法大多爲毛利率管理法（成本核算的目標爲銷售毛利率），並已形成了模式，即帳務核算和專門核算。該法至少存在以下缺陷：

1. 由於受銷售結構的變動影響，當毛利率較高的種類占的銷售比重大時，總體毛利率水準較高，容易掩蓋毛利率水準較低種類的成本管理情況。
2. 毛利率水準不能眞實反映成本管理的效率，當毛利率較高的種類占的銷售比重較大，原材料的利用率降低時，毛利率水準不一定降低。

因此，以毛利率爲中心的管理方法不能完整提供成本變動的實際原因——原材料有效利用率的變動，成本管理和成本控制也就不能有效的利用。影響毛利率水準的因素有兩個：銷售結構和原材料利用率。前者是外部因素，它受行銷措施的影響；後者是影響毛利率的內部因素。

在實施中，該飯店摸索出一套可以稱之爲原材料有效利用率管理法的成本管理方法，計算的中心是原材料的有效利用率和銷售實際毛利率。其前提是利用計算機輔助計算，將原材料有效利用率作爲成本管理的主要指標。它的基本原理是：食品價格，由於各類食品加工方式不同，其毛利率水準亦不相同，故應根據不同的成本水準和毛利率水準定價；反之，根據營業收入的收入額可以推定應該耗用的營業成本，這樣，可發現應該耗用的營業成本和實際耗用的營業成本存在差額。原材料有效利用率管理法，正是利用這種差額來分析成本管理的效績。

在實際應用時，根據原材料價格變動的幅度和成本核算的精確度，可採用兩種不同的處理方法：實際價格法和差異價格法。

1. 實際價格法較爲簡單，基本假設是材料採購成本對單品種食品的毛利率影響，可相互抵消或者食品售價隨市價調整，例如紅燒鮮魚毛利率 60%，原材料價格八元，售價二十元，清蒸排骨 30%，原材料價格七元，售價十元，如售出一個魚、兩個排骨，毛利率

45%，原材料利用率 100%。可能某一天鮮魚的買價爲 8.1 元，排骨買價6.9元，銷售魚二個，排骨一個時，原材料利用率23÷23.1＝99.58%，這一方法結果可能比較粗略，它適用於原材料價格變動幅度小或者變動差異可以相互抵消的情況。

2. 差異價格法撇開了材料價格差異，類似工業的定額法，非常精確，有利於展開財務分析。它的基本步驟是每次製定食品銷售價格時，將原材料價格（計劃價格）一併確定，購買材料時，按照該價格確定的原材料成本價格（食品配方標準成本卡載明的計劃價格），將差異部分剔除或單獨計算，帳務處理按照實際成本計算，專門核算只按計劃價格進行，避免了重覆計算。它適用於價格變動劇烈且精確度要求高的情況，但不利於與帳務核算的相互制約。

在具體操作中，不管選擇哪種方法都要嚴格執行原材料利用率的控制標準。要在核算上提高精確度，特別要做好日初日末結存量的工作。

(1)在計劃環節上，必須強調原材料有效利用率。根據該飯店的經驗，正常情況下原材料有效利用率在85%～90%左右較爲合適，90% 較爲理想，80% 以下表示明原材料浪費或流失嚴重，超過95% 則可能有欺騙顧客的情形，超過 100% 必然會有欺騙顧客的現象。

(2)在成本核算環節上，爲了提高準確率，應該劃分廚房的營業用料和非營業用料，非營業用料包括培訓使用、比賽使用和實驗使用，營業日結餘原材料通常應由廚房人員進行比較準確的盤點，如嚴格按照權責發生制來進行使用原材料成本的歸類，特別有利於提高日結存量盤存的準確性。

在收入中要考慮折扣的影響，在實行客戶折扣的飯店，由於折扣範圍較大，直接影響實際營業收入數額的減少，也會降低實際毛利率水準。對於這種折扣，有兩種觀點：一種認為這種折扣實際是一種行銷費用，不應影響毛利率水準，因此在專門核算中單獨計算折扣總額，在計算毛利率時，調整營業收入總額，這種方法有利於眞實反映毛利率水準和進行食品定價、成本控制和考核等，比較準確，但不利於高層管理人員掌握營運業績情況。另一種觀點認為折扣是一種定價策略，在制訂食品價格時應充分考慮折扣的影響，計算毛利率時按照營業成本同營業收入的比率確定。這種方法確定的毛利率帶有部分不確定性。一般應用以下公式：

$$售價 = \frac{成本}{(1-毛利率)(1-折扣率)}$$

這種方法簡單易行，效率較高，有利於高層管理人員對經營業績情況的掌握，但是遇到季節性或行銷策略上實行價格優惠時，對毛利率影響較大，對進行成本控制可能造成影響。

(3)成本控制貫徹事前、事中、事後三點成一線控制：原材料補充不過量，原材料補充必須經批准；檢查原材料使用情況，原材料使用不浪費，做好餘料整理保存；定期或不定期進行考核，督促成本控制，建立廚房責任中心，考核的指標為原材料有效利用率，成本中心的負責人為主廚，以明確成本責任。定價權要控制在比較高的層次，因為原材料價格一定的情況下，定價的同時就決定了應當實現的毛利率，防止其利用定價的差異改變原材料有效利用率的高低。

(4)成本考核：成本考核實際就是進行事後控制，其作用必須透過事前和事中控制來呈現，目的在於透過考核，提高人員的積極性，獎勵進步，鞭策落後。在進行成本考核的時候，不能單純以原材料有效利用率進行，必須與其他指標結合進行。對於廚房人員的考核，要適當考慮節約的成本：

營業額×（1－應當達到的綜合毛利率）×（原材料利用率－目標利用率）

該飯店在實際工作中採用這種方法後，收到了比較好的效果。

由於銷售結構的變化，即高毛利率與低毛利率的菜餚在銷售總額中的比例的變化，毛利率（綜合）會呈現上下波動，而不能真正反映管理成本的真實水準（這一點我們已在上個案例中提到）。而本案例則向我們介紹了一種能避開銷售結構的影響，揭示成本管理真實情況的方法。這種方法可以成為大中型餐飲業實施銷售分析和成本核算的有效工具。

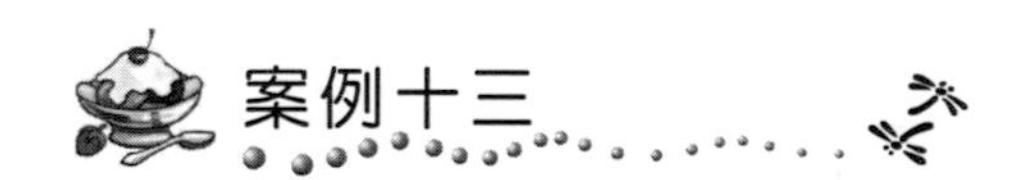

案例十三

飯店加強菜餚出品品質控制的措施

G大飯店是福建一家提供閩菜的餐飲企業，以其優質服務和可口菜餚贏得眾多顧客的光顧。在競爭激烈的福建餐飲市場，保持穩定可靠的菜餚出品品質是致勝的關鍵。該飯店主要採取了三方面措施來做好這一關鍵環節。

㈠制訂標準食譜

飯店對菜單上所有菜餚都制訂出標準食譜，列出這些菜餚在生產過程中所需要的各種原料、輔料和調料的名稱、數量、操作程序、每客份量和裝盤器具、盤飾的配菜等。具體來說，包括五個基本內容：1.標準烹調程序；2.標準份量；3.標準配料量；4.標準的裝盤形式；5.每份菜的標準成本。

掌握和使用標準食譜，讓無論是哪位廚師在何時，爲誰製作某一菜餚，該菜餚的分量、成本和味道以及裝盤器具、盤飾的配菜都保持一致，保證顧客以同樣的價格得到同樣的享受。如果出品的標準不同，則產品所涉及的原料消耗的成本也不同，難以進行成本控制，這樣往往會導致成本超額。由於餐廳銷售的價格並不會因爲菜餚出品的標準控制不準而發生變化，由此會引起餐廳利潤的波動以及菜餚品質的不穩定，因此，制訂標準食譜尤顯重要。由此看來，飯店管理者認爲，按照已制訂好的標準食譜進行製作，對外有利於經營，對內有利於成本控制，一舉兩得，事半功倍。這是餐飲管理者必須把握好的第一個關鍵步驟。

飯店在標準食譜上規定了菜餚標準烹調方法和操作步驟。標準烹調程序十分詳細、具體地規定了食品烹調需要什麼炊具、工具、原料加工調配的方法、加料的數量次序和時間、烹調的方法、烹調的溫度和時間，同時還規定了盛菜的器具、菜餚的擺盤和裝飾。這些一般由每個廚房自己編制，但不是透過一次烹飪就立即做出規定，而必須進行多次試驗和實作，並不斷地改進和完善，直至生產出的菜餚產品色、香、味、形、器俱佳，並得到顧客歡迎和接受爲止，這時各項標準才能確定下來。並製作統一的文字說明和成品彩圖的卡片供生產人員使用。

完整的標準食譜制訂之後，廚房管理人員還加強了監督檢查，保證在實際工作中，每位廚師都能照標準食譜加工烹製，不盲目配料，減少原料的浪費和丟失。

㈡實行廚師編號

各項標準制訂後，廚師必須嚴格按規定操作。關於烹製過程中的時間、溫度、火候的把握，雖然有了文字說明，但在實際操作中還要靠廚師們長期摸索來掌握，還有原料品質的差異等因素，要保證生產出來的菜品儘可能保持一致。因此，飯店對廚師實行了編號工作，以增強廚師的責任心，接受顧客監督。每位廚師對自己烹製好的菜餚必須附上自己號碼標籤，以示對菜餚的品質保證和對顧客的負責。顧客也可根據對某位廚師的信任和喜好指定廚師爲其製作，遇到對菜餚不滿意時，也可按編號投訴廚師，加強廚師與顧客間的溝通。

㈢定期評估廚師的工作實績

廚師實行編號工作，使每道菜餚具有品質保證。在此基礎上，飯店定期評估廚師的工作實績。評估的方法是：分析一定時期內（例如一週或一月之內），每位廚師的銷售額、製作量、顧客的反映及點名製作的數量等等

另外，餐廳服務人員也提供了考評的訊息來源。從餐廳服務員那裡了解顧客對每位廚師的滿意程度及意見等，不僅能增強廚師的責任感，也能使顧客產生親近感。

對於工作實績較差的廚師，飯店則及時予以培訓、指導和提醒，並採取一定的經濟制裁手段。必要時，管理者還會調動他們的工作，以確保廚房菜餚品質得到有效地控制。

G飯店的品質管理措施實施後，收到了較爲理想的效果。

菜餚出品品質是廚房管理的主要內容之一，是決定餐廳經營成敗的關鍵。控制菜餚出品品質需要從多方面著手。制訂標準食譜是品質控制的前提和基礎，需要大量的基礎性工作。許多餐飲業常常因為這一點而放棄標準食譜的製作，致使品質控制工作失去參照標準。另外，利用編號工作和定期考評則能加強廚師的工作責任感，促使其努力按標準食譜進行操作。

案例十四

建國餐館提高上菜速度的綜合性措施

建國餐館是華東某市的一家私人餐館，擁有300個餐位，座落於市中心，主要吸引當地客人。該餐館開業後，營業情況不佳，營業額呈持續下降趨勢，餐館經理爲此進行了一次顧客調查，發現主要問題是顧客對餐館的上菜速度極其不滿。60%的的客人感到上菜速度太慢，還有20%左右顧客抱怨經常遇到上錯菜的情況。爲解決這一問題扭轉營業頹勢，餐館成立了以經理、主廚爲正副組長，以廚房各組組長和餐廳主管及領班爲組員的工作小組，並聘請了有關的專家擔任顧問，共同研究對策。

首先，工作小組對「上菜速度慢」這一問題進行了認眞分析。

這一現象的出現實質上可歸結爲兩種形式：一種是上菜的絕對速度慢，即廚房烹製菜餚耗時太長導致的速度較慢；另一種是上菜的相對速度，即廚房烹調時間並不慢但由於烹製菜餚的次序不合理，而導致一部分客人的菜餚上得過快，而另一部分客人的菜則被遲滯而使他們感到上菜太慢。這兩種形式的問題都在以往的營業中出現過。前者的出現與菜單結構、準備工作、員工技能、廚房規劃等有關，而後者則主要是訊息傳遞上的問題。有了對問題本質和主要原因的認識，工作小組就可逐一對各個可能發生問題的環節進行檢查並採取相應的措施。

接著據專家的提議，工作小組討論了菜單的合理性。原有菜單共約有300種菜式，涵蓋川、粵、魯和當地菜四個菜系，其中當地菜式約占 1/2。而市場調查數據和營業記錄則指出，光顧餐館的絕大部分顧客喜愛當地菜，菜單上的其他菜系的菜餚很少出現在顧客的點菜單上，有的菜甚至自開業以來從未被點過。專家認爲該菜單菜色數量太多，涵蓋菜系太廣。這種菜單結構導致了廚房準備工作遇到極大的困難，因爲廚房必須爲眾多的烹製方式，迴異的菜色準備上百種原料，進行多種不同形式的預制加工處理。同時菜式眾多也使大量生產難以進行，更加大了準備工作的難度。而準備工作的不足則直接導致上菜速度的下降，因爲營業時許多菜餚不得不在沒有準備或初步處理的情況下「從頭開始」，增加了菜餚的生產時間。針對這一分析結果，工作小組對菜單進行了簡化。菜單數量從200 個降到 140 個，削減了非當地菜的其他菜系的品種，並增加了當地菜的數量，使當地菜占到菜單菜點總量的 3/4 以上。同時，加強了對廚房準備工作的管理。爲此，餐飲辦公室還組織了一次關於餐飲預測的培訓，明確了由專人負責每日預測，並填寫預測表交給廚房，以便後者做好每日的餐前準備。

接下來工作小組開始考慮廚房規劃與設施設備上的問題。

廚房規劃存在嚴重影響工作效率的缺陷。首先是海鮮池的位置不當，遠離粗加工區。粗加工人員必須穿過廚房的主要工作通道才能到達海鮮池，這樣降低了海鮮類的加工速度，也在工作高峰增大了主工作通道的交通壓力，易造成混亂和擁擠從而影響其他工作崗位的效率。其次，廚房助手與發菜員的工作距離也太長，助理的大部分時間花在將烹製好的菜餚運送到發菜處，而很少有時間來組織菜餚的最後烹製。其次，工作區域面積太小，工作繁忙時，沒有足夠的工作桌面來擺放傳過來的待烹製菜餚，有時甚至只能將這些菜餚胡亂堆放起來，根本無法確定哪個菜先燒哪個菜後燒，這就導致了相對速度較慢。另外，儲放新鮮蔬菜的貨架也不夠，很難實施有序置放。工作高峰時廚房不得不花很長時間在「原料堆」中「尋找」適用者，上菜速度由此受到很大影響。還有，廚房內還缺乏簡單加溫的設備。有些顧客會要求對菜餚做簡單再加工，如重新加熱或加入某些調料後再加熱等，有些酒水（如黃酒）也需加熱後飲用。由於缺乏簡單烹製設備，這些服務要求不得不被排入正常的菜餚烹製的生產安排中，這就爲正常的生產造成了干擾，打亂了正常的生產組織。爲解決所有這些有關規劃和設施的問題，餐廳採取了適應的措施。最難解決的是海鮮問題，因爲它牽涉到巨大的工程量，還可能對正常營業造成影響。所以餐廳組織有關工程技術人員仔細察看了廚房的整體結構，提出了多種結構改造方案並制訂了一項比較仔細、完善的，不會造成過大營業影響的結構改造計劃。廚房的工作台也進行了重新置放，增加了蔬菜儲放的空間。爲增加打包的工作區域，餐廳用了多層架式工作台代替原來的單層工作台，這樣可在不增加占地面積的前提下增大打包的工作區域。

另外，餐廳還購置了一批微波爐作爲簡單加熱工具，直接放置於餐廳，以滿足來自顧客的簡單烹製要求，減少其對正常菜餚生產的干擾。同時，餐廳還引導顧客利用這些工具進行自助服務。

人員方面的問題也不容忽視。工作小組發現，大部分人員均缺乏足夠的組織生產的技能與經驗，於是制訂了一個有關人員培訓計劃，還聘請了一些其他有經驗的廚房團隊進行現場指導。另外有關點菜服務員的問題，則由於一部分服務員對菜餚的烹製方法不熟悉，常常在營業高峰時向顧客「好心」地推薦一些製作複雜、耗時長的餐點，從而加重了營業高峰期廚房生產的壓力。爲此，餐廳組織了一些廚房、餐廳的「前後台人員交流會」，讓廚師向服務員講解菜單上各種菜餚的製作方法、成菜時間，說明不同營業時間應向顧客推薦的適宜菜點。

經過上述多方面的改進，該餐廳的上菜速度有了明顯的提高，顧客抱怨減少，營額也開始回升。

上菜速度太慢是新開張餐飲業的常見問題，尤其對於那些規模較大的餐館（屬於「大量定製」化生產類型），這類問題特別多。目前這類餐飲業又特別多，所以解決這類的上菜速度問題成為餐飲管理的一大熱門話題。

上菜速度涉及廚房生產的多方面，解決方法也應從多方面著手考慮，本案例就有力地說明了這一點。值得指出的是，案例提出了菜單結構與上菜速度的關係，因為菜式結構會影響到廚房的生產準備，而後者又是決定上菜速度快慢的第一環節。案例還提到了影響上菜速度的有關廚房規劃、設施、人員等方面的改進措施。特別地將微波爐作為簡單烹製的工具，利用顧客的自我服務來減緩生產壓力和減少生產干擾的做法是很開放式的想法。另外，加強廚房與餐廳的前後台聯繫，將點菜服務與廚房生產的時段要求相配合，呈現了餐飲管理中前後台協調一致的必要性。

案例十五

餐廳與廚房的訊息溝通

青島某飯店在總結了一次顧客意見調查的結果之後，發現了該飯店餐飲部存在著訊息溝通不暢的問題，尤其表現在餐廳和廚房之間。經集團研究討論，餐飲部制訂了一份餐廳與廚房訊息溝通的細則，具體內容如表 5-1 所示。

餐飲產品是一個整體產品，包括有形物質產品和無形服務，是二者的有機結合。這種產品的提供需餐飲業前後台，即餐廳和廚房的協調運作，而協調運作的關鍵則在於前後台順暢的訊息溝通。案例中所展示的訊息溝通細則較全面地總結了廚房餐廳溝通的各個方面，說明了餐飲運作從前台準備、餐中到餐後全過程進行訊息溝通的具體細節，可為各餐飲業做好餐廚溝通工作提供基本思緒。

表 5-1　餐廳與廚房訊息溝通細則

順序	階段、時間	餐　　廳	溝通內容	廚　　房
1	準備階段、食品品種安排時	季、月、週營業情況回饋給廚房	產品的高、中、低檔，特別菜搭配具體與適應消費程度；冷菜、熱菜、麵點湯類比例協調程度，單點餐廳、自助餐廳的花色品種數量適度情況	根據餐廳營業性質、檔次高低、接待對象的消費需求，選擇產品風味和花色品種
2	設計菜單時	向廚房提供以前用過的特殊菜單、單點、宴會等菜單的使用情況	餐廳菜單種類齊全程度；形式、定價、保證供應程度；風味、色香味形、營養、主配料選擇、配菜標準程度；紅、白案成品品質；特別菜、時令菜的反映情況	選擇專業技術人員負責統籌安排，精心設計好各種菜單
3	開餐前	了解當日廚房所能提供的各類食品	餐前例會向服務員、廚師說明主要客源情況、工作程序、加工提供的食品、特別菜、風味菜、時令菜、特殊服務等要求	不能提供的食品主動向餐廳經理說明
4	開餐時	將客人的用餐動態及時傳遞到廚房	菜品品質關、溫度關、快速、準確地出菜上菜；除甜品水果外，菜點應在四十五分鐘內上齊；出現客人對食品投訴，餐廳及時聯繫廚房處理。點菜單寫明服務員號、日期、桌號、客人數，應寫明特殊要求快速送廚房	配合餐廳及時解決處理好客人餐中發生的各種問題
5	開餐中	客人提出的特殊要求立即通知廚房，如發生品質事故也要及時與廚房和有關部門聯繫，盡快解決	點錯單、上錯菜、食品生、糊、變質、不衛生、有污物、名實不符、用錯了料、大中小盤數量不足、溫度不對等；餐廳、廚房環境與設備、溫度、噪音、空氣、照明、電氣系統、供暖、通風和冷氣設備影響營業等	廚房推銷的特殊食品應有正式的菜單通知餐廳，有品質事故應先滿足客人要求，再論是非
6	餐後總結時	將當日三餐的經營情況提供給廚房	當日三餐上座率、高中低檔食品行銷比例、全日營業額、飲料和食品比例，特別菜、時令菜、紅、白案行銷數，人員情況、內消耗數、品質情況、客人反映、特殊情況、投訴情況、好人好事、以後要注意事項	廚房根據當日經營情況預測並制訂出次日經營食品計劃通知餐廳

第六章

技術、設備與餐飲管理

科技進步是時代潮流，傳統的以低技術爲特點的餐飲業也需順應這一趨勢，加入到這一技術應用的行列當中來，利用更多先進的科技成果來改善管理、增強競爭力、完善餐飲產品與服務的提供。餐飲設備與技術的現代化已成爲餐飲經營成功的必備條件。

目前，人類社會正步入資訊化時代，社會生活的各個角落都留下了資訊技術的痕跡。應用資訊技術實現管理的訊息化，正成爲現代化餐飲業的重要標誌。本章將重點介紹中外餐飲業在這方面的成果。除此之外，還有下列技術及相應設備也是當今餐飲企業關注的重點：

1. 廚房生產設備的現代化、工業化。
2. 餐廳服務設備的現代化、人性化。
3. 環保設備或與餐飲設備相關的環保性設計。
4. 節能設備或與餐飲設備相關的節能性設計。

下面，我們重點討論資訊技術在餐飲企業管理中的廣泛應用。

資訊技術提高了資訊收集和資訊分析處理的速度和準確度，從而能增強餐飲企業管理複雜運作系統的能力。我們在前面章節提到的「大量定製型」餐飲生產系統，就是建立在資訊技術的基礎之上的。

餐飲企業可在不同的應用層次上採用資訊技術。

一、資訊技術在餐飲企業的局部應用

這是指餐飲企業將資訊技術及設備應用於餐飲管理的某一項或某幾項職能，如銷售分析、庫存管理等。具體來說，目前主要有資訊化職能管理。

㈠收銀及銷售分析

這是資訊技術在餐飲管理中最早應用的形式。餐飲銷售是當客人入座點菜開始，企業利用鍵盤等方式輸入點菜數據，傳至廚房和收銀員以便生產和結帳，最後利用這些資料進行分析，發現銷售規律，供管理決策使用。我們前面提到的菜單銷售分析，常常依賴於這種資訊系統。

㈡採購管理

這常見於業務量大的大型餐飲業或連鎖集團，尤其在不易變質食品原料的採購方面，資訊化管理更顯得重要。每種項目的採購和發出記錄區可用於確定現存數量，並把它和再訂購點比較，就可列出一份報告，列出已達訂購點的各種食品原料，提醒企業進行採購。連鎖經營的企業則把各分店的報告彙總，實施集中採購，進而大大節約採購成本。有的企業還透過與原料供應商的電腦連線，自動把訂貨單傳給供應商，大大地提高了採購工作的時效性。

㈢存貨管理

存貨管理資訊系統一般分爲兩個部分。一部分是處於中心的大型計算數據處理庫，用於集中處理各種原料、用品的收、發、存訊息。另一部分是各種原料、用品的發放設備及電腦終端。較先進者是能自動記錄和統計物料消耗，如酒水自動分發器。這些設備和終端能將物料消耗訊息傳輸給中央數據庫，後者則可進行統計分析，向管理者提交庫存、消耗報告，爲成本分析、採購決策提供方便。我們前面提到的多種食品成本控制方法均可利用這種管理系統。

㈣服務品質管理

資訊技術也可用來幫助管理者實施服務品質管理。如建立常客檔案，提醒企業展開個性化服務；又如建立資料庫，實施品質分析；還有實行培訓的電腦化，使用多媒體增強培訓結果，建立員工培訓檔案等等。

二、資訊技術的全面應用

這是餐飲業在高層面上應用資訊技術的方式，一般被稱爲管理資訊系統。管理資訊系統是管理者實施計劃和控制手段所建立起來的資訊系統。這個系統牽涉到許多具體管理的職能，如生產安排、存貨控制、需求預測、品質管理等。管理資訊系統由兩部分組成，一是決策支持系統，另一部分是專家系統。

㈠決策支持系統

決策支持系統的職能就是爲管理決策提供訊息支持和幫助。這個系統儲存相關訊息，處理訊息，然後以合適的方式表示出來以達到支持決策的目的。它幫助決策者理解決策問題的本質和安排決策程序與步驟，但它並不提供答案，一般它用「如果……那麼」的形式表現出來。

㈡專家系統

專家系統是決策支持系統的進一步發展，它的目的是提供解決問題的答案。專家系統由多個子系統組成，每個子系統代表一種特定的管理職能，如設施布局、服務選址、產品設計、品質管理、存貨控制等。當管理者遇到上述問題時，只需將相關訊息數據輸入相應的專家子系統，系統就會自動生成「答案」。

費德爾集團的管理資訊系統

費爾德太太是美國一家著名的，以提供巧克力餅乾爲主的簡單餐食服務的連鎖集團。在美國國內有數百家分店，另在歐洲等地也設有數十家加盟店。目前該集團正計劃向亞洲發展。

該集團始於1977年在美國加州開幕的一家餅屋。由於良好的食品品質和服務，小店逐步發展起來，連續以連鎖形式擴張。創始人費爾德太太十分重視對連鎖店的監督管理。但隨著連鎖店數量的增多，直接的監控實質上已不可能，費爾德太太於是決定採用管理資訊系統來解決這一問題。採用管理資訊系統之前，集團對組織機構進行了改造，使之更加富有彈性。每個分店設一個管理員，即分店經理。一個區域經理監管幾個分店經理，並向地區管理總監負責。地區管理總監則向集團總部的兩個運作管理總監彙報，費爾德太太則透過這兩位總監了解所有情況。地區管理總監與區域經理負責各分店的行銷決策，而分店的財務事務則由集團透過電腦系統統一控制。每天，分析員統計所有的財務訊息，發現銷售趨勢與問題並上報給集團主管財務的副總裁，後者再向費爾德太太彙報。

集團管理訊息中心的成員，負責爲每個分店的電腦終端提供各種支持性服務，包括開發財務軟體、管理遠程通訊和聲音郵件系統。每天各分店的財務訊息均傳送至集團的中心數據庫，並自動產生各種財務報表，爲集團高層管理者提供決策依據。

整個管理系統由許多子系統組成。這些子系統都是在運作過程中逐步建立起來的。集團考察子系統的可行性的標準有三條：⑴該系統是否能給公司帶來經濟上的好處；⑵該系統能否促進新的銷售；⑶該系統是否具有戰略意義。

管理資訊系統建立後，集團累積了不少相關的經驗，由此而發展了一個「副業」——集團設立了一個專門設計和出售零售業資訊管理軟體的公司，由費爾德太太的丈夫掌管。管理資訊系統爲分店的日常管理帶來了許多方便，它不僅可用來記錄和管理財務訊息，還可提供行銷決策的資訊，計算每小時的銷售，記錄員的工時，跟蹤存貨，處理求職申請，並能支持電子郵件聯絡。

每個工作日的開始，分店經理向系統輸入當天的有關訊息，如星期幾、天氣情況和任何可能影響銷售的當地特殊事件。系統則會根據輸入訊息自動做出反應，安排當天的主要管理工作。如告訴經理當天的需求預測以及在此基礎之上的生產計劃，包括組織生產的細節，如品種、數量和如何充分利用原料。

營業收入訊息隨著每次收銀記錄而進入系統，當銷售下降時，系統還會提出各種促銷建議，如「提供免費樣品」、「主動促銷」等等。當然經理不一定要照此操作，但至少獲得了某種資訊。

存貨記錄也進入了系統，系統還能根據這類訊息自動生成訂貨單並發給供應商（經理同意）。

管理資訊系統在招聘員工方面也發揮了很大作用。求職申請訊息進入系統後，系統會根據公司用人標準分析求職人的適合度，並向經理提出建議，決定是否與求職人進一步面談。面談甚至也可以透過這個系統進行。最後，系統會根據面談結果決定是否錄用求職人。當然，經理也可以根據自己的判斷來決定是否錄用。

系統還包括一個安排員工班次的專家系統，可協助經理進行人員調配，系統與員工上下班打卡機相連，可記錄工時並計算工資。系統還包括一個技能測試程序，供員工培訓和考核之用。

管理資訊系統是資訊技術在服務業的應用形式之一，能大大提高服務系統的效率，協助管理人員完成各項管理職能。

費德爾集團的管理資訊系統是一個功能十分完善的成熟系統，涉及財務、銷售、生產組織計劃和供應，甚至人事招聘、培訓和考核。同時，該系統還具備了一定的專家系統的功能，即它不僅可記錄、統計和分析，而且還能自動生成對某些問題的處理意見或建議，並具備主動提醒功能。可以看出，這系統是餐飲企業全面應用資訊技術改進管理的一個典型。採用先進的資訊系統實施管理，是目前餐飲業特別是進行連鎖經營的企業集團之必然方法，它有利於龐大的分散組織進行即時的訊息交流，也方便了企業的高層領導對下屬企業進行適時的監控，及時發現問題並能迅速解決問題。資訊系統也便於企業團體數量龐大的下屬加盟店，進行標準化管理。

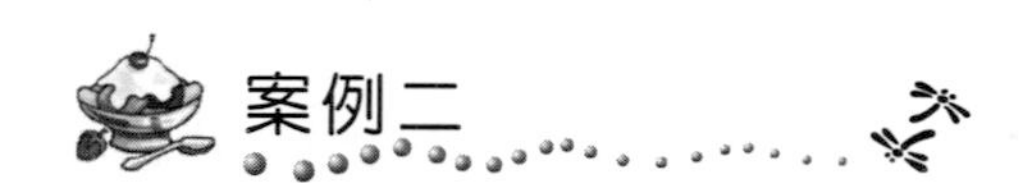

案例二

利用資訊技術提高「神秘顧客」檢查系統效率

「神秘顧客」是進行品質暗訪者的別稱，西方餐飲企業經常利用神秘顧客的方式實施服務品質的檢查。本案例講述了Taco Bell集團利用先進資訊技術提高神秘顧客檢查系統效率的過程。

㈠基本情況

1. 企業概況

Taco Bell 集團作爲 Tricon 環球餐飲集團的下屬公司，是世界第四大快速餐飲服務連鎖集團。它已在五十個國家發展了七千多家連鎖店，而且還在向更廣闊的國際市場邁進。Tace Bell 在公司管理和特許經營的單位僱用了十萬多名員工。整個 Taco Bell 系統在 1998 年的營業額達五十億美元。

2. 基本問題

Taco Bell 管理者希望透過建立「神秘顧客」資訊系統，來提高管理訊息收集與統計的準確性和全面性。

3. 解決方法

Taco Bell 爲「神秘顧客」們配備有 Microsoft Windows CE 操作系統的掌上電腦和 Merchandising Sales Portfolio 的軟體。

4. 最終效果

⑴餐館管理者能更快地得到回饋訊息，僅需數小時，而這在以前則需數日。

⑵ Taco Bell 收集到的訊息更爲準確可靠。

⑶這些訊息還可爲集團的管理決策提供有效的幫助。

㈡案例的具體研究

「我們選擇用 Windows CE 的 Thinque solution 這一技術的原因之一是其訊息傳遞。在暗中調查結束後，祕秘顧客只需簡單將掌上電腦與任何一個遙控伺服器相連，電腦系統上的軟體就會把訊息傳輸到伺服器上，伺服器還會在刪除任何訊息之前確認它已得到了所有的來自神秘顧客的訊息。」

——Taco Bell 公司的品質部副理 Dan Tew

已是深夜，一個疲憊的婦女接過從站在 Taco Bell 飯店服務台的服務生遞過來的 taco（一種液態食品），而後她飛快地衝向她的車，拉開門，拿出一支溫度針，插進 taco 當中，測量其溫度是否達到公司的標準。這一情景就是Taco Bell集團「神秘顧客」的日常工作的寫眞。

日復一日，這一小群匿名的神秘顧客在各城市中拜訪上千的Taco Bell分店，他們購買食品、參觀休息室、提出一些看似過分的服務要求，亦藉此檢查食品、設備和服務的品質。而一旦他們完成暗訪，他們就平靜地坐進自己的汽車，並在有Microsoft CE Operating System的掌上電腦上，記錄他們所有的暗訪發現。

一天暗訪結束後，這些神秘顧客再把他們的觀察結果傳送到位於加州的Taco Bell的伺服器上。僅僅幾小時後，地區經理就會得到這些訊息，再過一陣子，被暗訪餐廳的經理們就可得知神秘顧客對他們暗訪的結果了。

1. 品質背後的神秘

Taco Bell從1996年起就使用神秘顧客系統了。對於公司自己投資的分店，神秘顧客一般每四個星期暗訪一到兩次。對以特許經營方式加盟的分店，如果其已簽約加入神秘顧客系統，神秘顧客們也會每四週暗訪一到兩次。目前，實際上已有98%的此類分店都加入了這個系統。

「每位神秘顧客大約要回答三十五個問題」，Taco Bell的品質部副經理Dan Tew說，「這些問題牽涉許多方面，主要包括設備的清潔度、待客的熱情度、滿足顧客要求及遵照食品標準配方的準確性以及服務的速度和食品的品質。他們還做一些精確的測量工作，如食品的溫度和配方成分，我們儘量避免使用主觀判斷。」

「這個系統使我們能更加清楚地了解我們在服務工作的好壞」Dan Tew繼續說道，「我們把它作爲給分店經理或更高級別經理發放獎金的基礎，而且我把它作爲員工自我認識、自我評價的工具。對於在暗訪檢查中表現優異的分店，我們將給予獎勵。」

2. 檢查過程的自動化

正因爲神秘顧客所提的訊息與Taco Bell集團的品質保證和獎酬制度有著極爲密切的關係，它的準確性（或精確性）就具有非常重要的意義。另外，保證讓集團總部和各個分店能同時獲取這些訊息也顯得十分必要。

在使用Windows CE的MSP技術之前，Taco Bell的神秘顧客需將暗訪表格一一塡好，連夜寄給公司的資料收集機構。這個機構再從這些表格中掃描相關內容，轉化爲電子訊息後再傳輸到設在Taco Bell集團總部辦公室的數據庫。總部的經理們再用Excel軟體分析這些訊息並得出結論報告，然後再把這些報告傳給相關分店的經理。完成這一切需四天左右的時間，而且由於表格設計本身的不足，這些訊息還不夠具體，對管理者的幫助不大。

再者，掃描出來的表格內容很容易出錯，這也就很難符合經理們實施決策對訊息眞實性的要求。而且紙製表格的靈活性也不夠，如果經理想在表格上再增加一項暗訪內容，他們就不得不重新印刷分發新的表格，並改變掃瞄程序設置，這些將花費大量的金錢和時間。

「我們知道必定有一種可以使這個過程自動化的解決之道，但一開始我們並不能肯定它到底是什麼樣。」Tew說。

不久，Tew找到了解決之道。它是一種在Windows CE上運行的系統中名爲Merchandising Sales Portfolio的軟體。透過運行MSP的目標對象，系統將快速製作一份可以把神秘顧客的問題和觀察記錄顯現出來的應用文件。這個系統本身還具有通訊交流功能，可以將收集到的訊息文件傳輸給Taco Bell的伺服器，從而可以直接迅速地傳到集團總部的數據庫。

3. 快速而精確的訊息

對Taco Bell來說，在掌上電腦上安裝Windows CE的技術解決系統，提高了從神秘顧客的暗訪中獲得訊息的及時性和準確性。Tew說：「我們現在可以從神秘顧客的報告中，看到非常具體的對服務的評判，我們可以把這些訊息直接傳輸到被訪分店。報告中不再有什麼不清楚地方了，分店經理可以準確地知道發生了什麼，他們可以採取措施去解決問題或獎勵在暗訪中表現好的員工。」

訊息的準確程度也提高了。如果神秘顧客回答問題時犯錯（把A問題當成B問題來回答）或者輸入了一個不適宜的數據，系統就會立即提醒他，這確實大大提高了神秘顧客系統的可信度。這種技術也提高了整個系統的靈活性。如果經理們需增添暗訪內容，就不需如以前一般要重新設計並印刷表格，僅僅在系統軟體中加入新項目即可。

利用神秘顧客加強品質檢查是西方餐飲業，特別是連鎖經營集團所鐘愛的有效管理方法。它能對被檢討對象產生較大的監督和警醒作用，使其「時刻」注意每一個具體的服務細節。將神秘顧客的檢查結果與管理人員的獎酬結合，運用多種精確工具來評估服務，這些足以顯示Taco Bell集團對神秘顧客系統的重視和依賴。當然，這就給有關暗訪訊息的準確性和及時性提出了更高的要求，尤其對於一個擁有7000餘家分店的大型餐飲集團來說，更為迫切。新型資訊工具和軟體改善了祕秘顧客系統，並達到了提高訊息準確度和及時性的目的。

資訊技術的高度發達是時代的特徵，餐飲業應充分利用這些新工具改善管理、提高效率並提高產品與服務的技術。

Royel酒吧的電子資訊管理系統

在英格蘭的任何一個角落，你都可以看到 pub（酒吧）。酒吧已成爲英格蘭社會的必要組成部分，酒吧文化是英格蘭文化最具特色的一面，而酒吧管理在英格蘭亦已實施全面資訊化。

Royel 酒吧是曼徹斯特一家頗具名氣的傳統英式酒吧，有員工近百人（這在勞動力價格昂貴的英國是少見的）。該酒吧自 1998 年開始進行管理的資訊化改造，至今已形成一套較完整的資訊化服務管理系統。該系統由三個部分組成：收銀統計系統、電子管理系統和存貨控制系統。

㈠收銀統計系統

他們在銷售點的終端鍵盤上，預先設置酒吧最暢銷的飲料鍵，按下其中的任何一個鍵，就能自動計算該鍵所代表的飲料成本，準確無誤。鍵盤最好與收銀設在同樣的位置，並放在實際分發飲料的地方，這將加快整體經營速度。不同的飲料使用不同顏色的鍵，例如黃色代表瓶裝啤酒，橘色代表葡萄酒，不僅可以很容易地區分各類飲料，而且還可以幫助新員工很快熟悉業務。操作時，服務員先按自己的密碼和服務鍵，然後按指定的飲料鍵，再按總計鍵，這時錢箱自動打開，也許還可以自動找零錢。與此同時，列明所買項目的單據也同時輸出，向顧客表明詳細的訊息。

當一個營業時間結束時，管理人員可以獲得每個終端在這段時間內完成的交易量報告，報告的內容有：⑴營業日期、⑵終端號碼、⑶交易量、⑷營業開始時間、⑸營業結束時間、⑹每種項目的售出量、⑺總營業收入、⑻錢箱內應存在的數目。

每天營業結束後，「每天營業結束程度」還可以列出下列報告：

1. 即時報告，用於分析全天每小時的銷售情況。這個報告對於安排員工及確定需要促銷的營業低峰期是很有幫助的。
2. 每天現金報告
   ⑴ 總銷售收入。
   ⑵ 報損的項目。
   ⑶ 淨銷售收入。
   ⑷ 退款數額。
   ⑸ 差異（記錄的現金數額與實際收到的差額）。
3. 每日服務報告
   ⑴ 每班使用自己服務鍵的員工。
   ⑵ 每名服務員的淨銷售額。
   ⑶ 每名服務員完全的交易量。
   ⑷ 平均銷售量。
   ⑸ 報損的項目數量。

㈡電子管理系統

電子管理系統是 Royel 用來精確測量飲料耗用量並進行記錄統計，以此爲管理決策提供訊息支持的電子系統。

電子管理系統的基礎是在每個飲料龍頭和啤酒泵上安裝感應器（有時使用電子分發系統）。

Royel 酒吧中大多數飲料透過測量器時都能被精確地調節。每次換瓶都有記錄，以掌握全部的銷售情況。很明顯，這需要以合理的方法分發飲料。烈酒和利口酒可以很容易地透過 1/6 爲單位的龍頭分發，但是一些不太暢銷的酒可能不保證與傳感器相接龍頭的成本，所以還需用帶有微量型的量具。輕度葡萄酒和桶裝啤酒可以從自由流動的分發器中流出、出售，可口可樂和檸檬汁從混合分發器中售出，而其他酒和飲料將從小型瓶中售出，甜酒通常是估測的。

這種控制的原理是，當一定量的酒水流出時，一個感應器就會傳至計算機，計算機記錄下分發點的訊息，然後加總分發點，同時存在計算機內，啤酒泵的原理也是如此。

標準的酒吧電子管理系統可以調節一個或更多個分發點，並在輸出設備上能提供每班、每天、每週和每月的訊息。

酒吧電子管理系統設置在不受人員干涉的地方，以防未經授權的員工擅自開關。例如啤酒的傳感器設在窖裡，除了表明消耗的數量外，還應記錄換桶的數量和時間。但是，儘管有這個系統，也不能省去管理人員實地盤存制度。酒吧的管理人員每兩週、每週，甚至每天清點窖內和貨架上的存貨，尤其是在出現問題的時候，如果懷疑某位員工有欺騙行爲，管理人員要在每班結束時都對存貨進行盤存。該系統本身可以計算出銷售的量，與實際盤存對照，就可以發現差異。

Royel 酒吧電子管理系統還可以進行現金控制。將電子收銀機與含有顯示飲料分發的中央處理器相連，就可以達到此目的。由於帶有傳感器的分發器記錄出的飲料可以在收銀機上顯示出來，這樣哪班、哪名服務人員服務的哪些項目、收入金額和找零都有了記錄。服務人員根據終端顯示的應交納現金對照自己完成數量，達到現金控制的目的。

這裡，有必要提一下 Royel 的電子飲料分發器。

電子分發系統是精確地控制從酒吧裡發出的飲料數量的設備。電子分發器還可以保存銷售記錄，以便管理人員與實際盤存核對。它們可以調節從它們的龍頭裡售出的飲料的度量，提醒員工調換瓶子。計算機可以自動地調節所發出的各種飲料，並由與該系統連接的印表機列印結果。電子分發系統能與外部的計算機連接，成爲酒吧電子管理體系的一部分。

電子飲料分發器設有程序控制飲料的分發和再注滿，這樣可以避免手工倒酒時的灑出、存貨漏損以及蒸發的影響，並且不會使顧客感到少了分量。

典型的電子飲料分發器上部，有很容易安裝的酒瓶接頭，可以接75毫升和1.5升的瓶子，內部的單通道閥門可以防止酒水灑出，酒瓶也由一個結實、衛生、安全的籬固定。放置分發器的地方應清潔，為保險起見，當該系統分發所需的飲料量時，有指示燈在閃爍。

飲料電子分發系統的優點之一，是好幾種飲料可以同時分發，尤其是在生意繁忙的時候，許許多多顧客可能同時等候服務。另一個優點是該系統可嚴格控制存貨，它可以使存貨維持在較低的水準，便於減少資金的占用。

電子飲料分發系統有以下優點：

1.它因為可以避免了下列情況而挽回了「可能失去」的收入：

(1)員工偷盜。

(2)洩漏。

(3)人工出錯。

2.增加收入

(1)每小時銷售量增加。

(2)交易更加有效。

(3)按照準確的酒譜倒酒。

3.降低淨成本

(1)避免了蒸發。

(2)減少了浪費、灑出和破損。

4.減少人工成本

(1)減少員工人數。

⑵完整的銷售記錄。
⑶自動盤存控制。

㈢存貨控制系統

Royel 的存貨控制系統包括兩個部分：酒吧盤存設備和存貨軟體。

Royel 使用手提式盤存機，透過條碼和其他代碼等方式將存貨掃描進入電腦。當然，只有部分飲料的盤存能使用它。

設定了盤存期間的採購、發料及上期期末的程序後，盤存人員就開始點數窖裡和貨架上剩餘的飲料，計算本身是相當快的，人工要花三小時的計算，計算機不到一分鐘就可以完成。

有時手提電腦裡的訊息還可以轉到 Royel 的中央電腦數據庫，這樣盤存的結果就可以加進酒吧所做的整體會計報告之中。訊息的轉移可以直接進行，或者經由電話線，不管哪種方式，速度都是相當快的，任何遺漏，例如丟了一桶啤酒，計算機可以加進去，立即調節數據。這樣，管理人員就可以迅速了解消費傾向和顧客的偏好，若由外部人員盤存的話，是不可能在一週之內辦到的。

手提式盤存機獲得的訊息進入電腦，Royel 再利用存貨軟體進行各種存貨訊息分析。

1.酒吧存貨軟體的功能

酒吧存貨軟體系統可以由手工獲得盤存訊息，也可以從手持盤存機處傳來盤存訊息。酒吧存貨軟體有以下功能：

⑴控制轉移。
⑵控制發料。
⑶計算存貨的位置。
⑷詳細的損失。

⑸計算再訂購點。

⑹制定盤存報表。

建立存貨軟體的起點是輸入歷史資料。Royel 管理者認爲，不管是否有可能，建立新的軟體時，最好在一個會計年度開始的時候，這樣做不會將大量的時間浪費在數據上，這些數據在計算累計的結果時是十分有用的。

2.存貨記錄

Royel 酒吧的存貨記錄有以下幾項：存貨號碼；說明；供應商；驗數時基本單位；銷售時的單位；成本價格；零售價格；最低存貨量；最高存貨量；現有存貨量；本年累計數；本年累計成本。

3.存貨報告

這個報告向酒吧管理員標示全部的存貨的位置，哪些項目已接近了最低存貨點，哪些項目存貨量太大等訊息。管理人員可據此實施採購或削減存貨的決策。

酒吧成本控制的一個主要難題是對散裝飲料的用量控制，如生啤酒、碳酸飲料、雞尾酒等。Royel 酒吧的電子訊息管理系統的成功之處，就是解決了部分散裝飲料的計量問題。它引入了電子飲料分發器，既控制了服務時的用量，又能自動記錄餘量並為盤存提供準確數據。

酒吧管理的另一難點是盤存工作量大。Royel 酒吧引入酒吧盤存手提機，可以對任何有條碼的飲品進行快速盤存並記錄統計，大大減少了工作量，也提高了盤存的準確率。另外，盤存軟體和收銀統計系統，也為管理政策提供了準確可靠的數據，極大地方便了管理者及時掌握銷售與成本的即時狀況。

東見餐廳利用資訊技術提高工作效率

東見餐廳位於華東某大城市，擁有1600個餐位，包括六十個包廂和兩個用餐大廳。餐廳跨三個樓層，提供數百個品種的菜餚。為提高餐廳工作效率和加強餐廳、廚房的聯繫，東見餐廳引入多種資訊化管理技術和設備。

㈠電腦點菜

該餐廳的服務員使用傳統的點菜單接受客人點菜，然後開啓服務終端記錄客人的點菜並開好帳單。服務終端有一個大鍵盤，和後台的中央處理器連接，用來輸入諸如日期、一張餐桌上的客人人數、食品和飲料數量等，一般設在餐廳內，也可置於收銀台以取代傳統的收銀機。服務終端上的鍵盤可事先設好，每一個鍵代表一個菜單上的品種，一按該鍵，則代表該菜上了訂單，其價格、名稱立即在計算機的儲存系統中打印出來。特選菜單、附加品種的價格可儲存在主機裡，隨時備查。

每個服務員都有一個專用鍵、一個密碼，以便開啓餐廳的服務終端，然後按下台號、用餐人數、帳單號嗎，再將帳單放入打印機，根據菜單按下相應的鍵，這時螢幕上會將服務員輸入的菜餚項目一行一行地顯示出來，服務員可分辨輸入終端的訊息是否正確。每次輸入都可以一次打出包括數量、配方、配菜、製作方法等指導說明，自動打出客人帳單上的價格及給酒吧、廚房的訂單和客人帳單上的日期、鐘點。

㈡餐廳與廚房溝通設備

餐廳和廚房設有打印機和螢幕，當服務員輸入客人點菜單的同時，其訊息迅速傳到廚房的印表機或螢幕，廚師便可立即按訂單出菜；或者廚房做好菜後，把訊息傳到餐廳，從螢幕上顯示給服務員他們所服務的餐桌的下一道菜是什麼。

另外，餐廳領班與主管都配備了對講機，他們可與身處廚房的發菜員直接對講聯繫，後者則將餐廳訊息回饋給主廚。這樣可將顧客臨時提出的要求如菜加快、退菜等及時通知廚房。

㈢服務員與顧客的溝通設備

該餐廳在每個桌子上都安裝一個小的呼叫器，當客人需要額外的服務時，只需簡單地按一下按鈕，便會顯示他們的桌號。如果客人願意，他還可以按鍵要求某些特殊服務，例如再要一杯葡萄酒或結帳。這種系統對於增加銷售，尤其是飲料銷售是很有意義的。

餐廳與廚房構成了餐飲業的整體，二者之間通暢、高效的訊息溝通，是保證餐飲生產服務有序進行的必要條件。傳統的表單和人工傳遞生產服務訊息的方式不可避免地會產生傳遞速度慢、差錯率高、即時性不強等弊端。本案例的東見餐廳利用了資訊技術及其設備改善了廚餐之間的溝通和店客之間的聯繫，提高了生產服務效率，降低了服務差錯率，並能對顧客的需求做出更為迅速的反應。這種方法和設備的使用必將成為今後大型餐飲企業改善管理、提高工效的首選。

利用模擬模型解決新產品的問題

某快餐連鎖集團爲增強競爭力，向市場推出了多種新的產品，顧客對這些新產品的反應十分不錯。但是集團的管理者擔心，因爲快餐生產是生產線式的工業化生產，新產品的引入有可能對原有生產運作產生影響，特別是對服務速度的影響。而快餐經營中，服務速度又是至關重要的。集團還沒有一種較爲簡便的方法來評估這一影響。由於經營規模巨大，集團高層管理者做出在全世界的數千家分店銷售新產品的決定之前，不得不在眞正餐館裡做實驗以觀其成效。通常，這樣的試驗需要數家餐館，耗時一般在兩週左右，其後還需要花相當長的時間進行數據分析，所需花費的成本大約爲6000到8000美元。

這時，一些管理人員想到了數學，他們希望能夠用數學方法來描述眞正的實驗運作，這樣做成本會小得多。起初，人們用一個線性規劃模型來抽象實際運作中的瓶頸，但馬上發現，線性模型不足以描述餐飲業運作的動態特徵，而這些動態特徵卻是最有趣的問題所在。考慮到這一點，研究人員決定著手建立該集團快餐店的模擬模型。

㈠快餐店模擬模型的基本結構

一個餐館的模擬模型包括三個主要的互相關連的部分：1.顧客到達和點餐；2.食品準備；3.食品交付。在每一部分裡，模擬模型都有不同的模組來對特定方面做出描述。

1.顧客到達和點餐

速食店當然無法或很少能對顧客的到達或訂餐施加影響，所以，模型只是儘量準確地模擬出餐館，在一週裡不同日子或一天內不同時間段的情況，為了區分店內服務和不下車服務，還特別定出了不同模組。

這些模組是建立在觀察數據上的，例如，透過觀察發展，顧客到達模式符合一條指數函數曲線。此外，少數種類的食物的銷售占了總銷售額的大多數（普通漢堡、特種三明治、炸薯條、飲料等占了45%的比率）等等。

總體來說，有關顧客到達模式和訂單內容的模組可以反映每天、每個時段快餐店的實際情況。

2.食品準備

在模擬模型的三個部分中，該集團對食物準備的控制是最嚴格的。集團對設備的改變、運作流程、設施布局和人員配置都有周密的考慮。因此，模擬模型對食物準備的運作系統做了相當的細化。模型的各個單位詳細描述了廚房能做的各種食物的完成過程。這些行為的描述取決於下面幾個因素：

(1)每項工作的耗時。

(2)廚房規劃，決定了工人在完成不同工作之間需要移動的距離不同。

(3)設備特性，影響部分操作速度。運作系統的其他考量，還包括有多少工人，他們的位置、他們的職責以及庫存規則（各種三明治的存放時間不得超過十分鐘）。

3.食品交付

模擬模型的這一部分涉及如何收取訂單、如何裝配漢堡、搭配食品，如何交付給顧客。食物交付服務分為兩種，一種是顧客在店內，一種是顧客在車上。顧客提出訂餐內容、出納台將其輸入POS機、找零錢、搭配訂單食物等所需的時間由訂單的要求和出納台的人員配置所決定。典型的模型考慮了店內服務和不下車服務兩種類型。

速食店的模擬模型使用一種叫 GPSS 的專門模擬語言編寫，這種模擬語言用離散時間事件模擬實際的行為。一個 GPSS 模擬程序從時間段0開始，首先詢問開始什麼行為或繼續什麼行為。當程序進行到時間段 1，它會跟蹤哪些行為將結束、開始，或繼續。這種模擬看上去很像拍電影，大量連續的單張照片就組成一部電影。

建立模擬模型需要大量的數據，使用了微動作時間測量法（MTM）對快餐店詳細的時間和動作研究，對廚房以及前台的各項操作都建立了標準時間。該集團還從作為樣本的全國各地的四十家分店收集了數據，這些分店的選擇充分考慮了樣本的代表性，收集到的訊息也被放入模型，這樣就可以保證模型能夠較好地代表其快餐店的典型運作情況。

在集團正式使用此模型來做引入特種三明治的實驗以前，模型經歷了嚴格的實作試驗。集團利用倉庫的空地建了一個試驗分店，其中的廚房和服務櫃台等一切都跟眞的分店一模一樣。快餐店的實際訂餐數據，包括高峰、低峰不同時段，不同訂餐內容的數據被使用到該實驗分店。該實驗持續了整整一個星期，人們對運行的各個細節計數並錄影，比較模擬得到的服務時間、排隊時間、尖峰所在等結果和實際情況，不斷修改模型，直到兩者區別很小為止。這次試驗相當成功，管理層從此建立了用模擬手段分析運作的信心。

這個模擬模型是模組化的，任何不同的餐館規劃，不同的人員配置都能透過將相應模組組進行模擬。在以後，當集團引入新的革新項目、要進行實驗時，只需把這些相對獨立的模組適當地加以修改，就可以滿足新實驗的需要。

㈡模擬模型的應用

建立了一個與實際運作幾乎一致的模型之後，集團管理者就可以利用它來實現多種管理應用。具體說來，該集團進行了如下的應用：

該模型的第一個用途，是用來開發改進快餐生產率的軟體。

該軟體透過一系列模擬，最後將各分店潛在的瓶頸和解決辦法匯集成一本手冊，分店的管理人員透過手冊就能知道如何消除瓶頸，並使服務品質不會隨著業務發展而下降。另外還提供了爲消除瓶頸而做的投資回報週期數據，該集團用了六到八個月（每個月裡模型都會被運行300次之多），最後做出這個手冊。

接下來，該集團負責發展維護模擬模型的工業工程和運作管理部，又利用模型建立了不同店鋪配置下的分店僱用標準。研究這個問題花了大約一年時間，其中兩個關鍵問題是：第一，在任何銷售水準下，能夠滿足公司服務速度的要求所需的最少員工數及其職責；第二，管理人員調節勞動力水準所持的依據（勞動力公式）。

透過在不同配置的店鋪、不同銷售水準和不同人員配置水準下反覆使用模擬模型，公司得到了一系列人員配置控制表格。例如，沒有模型之前，經營者無法知道，當業務蒸蒸日上時，新增加的一名職員是派到廚房還是收費處更好。應用模型分析得出，應該派往收費處，這樣每小時可服務的人次比派到廚房多出五人次，而服務時間也被控制在三分鐘的標準之內（176 秒／人次），而派到廚房的話，服務時間爲188秒／人次，這樣相當於爲每個分店增加了1%到2% 的銷售額。

爲了強調管理控制的需要，還運用迴歸分析得到的公式，來預測所需的勞動力數量。對於不同的分店，該公式不盡相同，因爲該公式使用實際的每週營業額和營業時間作爲描述變異量。

當然，正是應用了該模型及相應的軟體，該集團成功地分析了新產品對原有生產運作系統的影響，採取了相應措施，成功地推出了新產品。

建立模擬實際業務運作的訊息化模型，對餐飲業提高運作效率，推出新產品有著十分重要的意義。餐飲業不可能如工業一般有一個實驗場地進行新產品試驗。訊息化模型的建立，實質上就是建立了一個虛擬的實驗室和企業運作的仿真模型。利用這一模型，餐飲企業可根據管理需要，輸入各種數據，來判斷新產品或其他因素的改變，對整體運作系統的影響，從而提高管理決策的全局觀和協調性。建立模擬模型是餐飲業利用資訊技術改善管理的又一重要思路。

案例六

德國一家餐飲公司的節能設備購置

㈠簡況

某公司是以特許經營方式加盟一家國際快餐連鎖集團的企業，擁有兩家德國快餐分店。該公司成立於 1991 年，第二分店於 1995 年至 1996 年間開業。第一家分店有七十名員工，另一家有六十個。二家餐廳的每年營業額合計達五百萬至六百萬歐元。

公司只設一名總經理管理這兩家餐廳，他當然也負責著能源費用的管理，能源費用控制也是餐飲成本控制的重要內容。這位經理可自行安排預算，但必須對最終經營結果負責。爲加強控制，公司老闆自己掌握財務大權。

在1994年2月，公司在其中一家餐廳安裝了一種可爲餐廳進行循環供熱的煤氣型CHP。該裝置運轉的同時，可產生電能，從而可輸入公司供電系統中供通風和採暖用。該裝置的安裝也得到了來自於地區能源機構、技術供應商及一些工程專家的支持。此外，對熱能的持續恢復有進一步的計劃。

CHP設備對餐飲產品無任何不良影響。該供熱系統有一個備用裝置，以保證能源供給的穩定性（即使CHP裝置本身發生故障）。考慮到這種裝置在經濟性和生態性方面的好處還一時很難被人理解，公司在開始安裝這種設備時，只告知了公司的部分員工和管理人員。安裝完畢後，無論是顧客還是一般員工都沒有注意到設備的變化。

整套設備投資成本達到六萬五千歐元，其中一部分是花費在安裝設備所要求的特殊建築的投資上。資金回收時間估計爲五年，而柴油型CHP系統的資金回收時間會更短，但是由於它的高效輻射性使其與環境保護的要求有所衝突。

該公司於1993年8月決定採用這種設備，當年12月至1994年1月，CHP設備安裝完成，並1994年2月，開始了運作。

㈡運作過程

採用這種新型設備的想法，與公司總經理的工作職責和個人背景有關。作爲兩家餐館的負責人，減少固定成本是他的職責之一，包括能源費用、勞動力成本和保險金等多方面。同時，他對技術也比較感興趣並稍微懂得一點電子技術方面的知識。他想：我們能不能在顧客不察覺的情況下節省能源呢？他本人雖不完全是一個環境保護主義者，但也對包括能源在內的自然資源的浪費深惡痛絕，他希望盡可能地避免這種能源浪費。

六年來，公司一直都在記錄每天能源和水的消耗量，以便迅速發現能源管理的不足之處並找到根源。公司要求員工不要同時打開所有機電設備，以降低高峰時的電能。由於有了具體的能耗記錄，總經理就可以對連鎖集團下屬的所有分店進行比較。他發現各分店之間，在能源和水的消耗上存在著巨大的差異。

最後促成採用新設備的，是總經理從電視上看到了關於一系列事件的報導。報導說，火力發電廠（以煤為能源）在運行中會損失相當多的已產生出來的電能，而如果運用CHP技術，則可能避免這種損失和節省成本。當然，除了經濟方面的好處之外，這種技術還能減少污染，更符合環保要求。於是，總經理開始進一步了解CHP技術及其工作原理。他發現，根據餐廳的較長營業時間和對熱能的持續需求的特點，使用CHP技術的條件似乎也很不錯。

接下來總經理與地區能源機構取得了聯繫，並與他們討論了這個問題。該機構提供了一張關於德國所有CHP供應商的清單給他，他根據這個清單發出了詢價書並獲得了CHP技術用戶的名單，他向這些用戶請教經驗，大部分用戶均認為該技術不錯。

由於事關重大，總經理查閱了大量相關書籍及其他資料來進一步了解相關問題，公司老板也非常支持關於引進這一新技術的建議。由於總經理與當地使用CHP技術的煤氣公司關係不錯，使得他能在購買設備前先做充分市場調查。湊巧的是，他所接觸的其中一家CHP技術的供應商就在附近的社區，而且此供應商能夠提供比較合適的設備。於是，兩家公司達成了合作意向，此外，在供應商的幫助下，公司也加入了一位專業工程師。

由於設備採用了特別設計，任何運行故障都不會對餐廳的正常營業產生太大影響，設備的維護修理費用也不高，在總經理的促成之下，公司老板最終決定採用CHP技術，並爲此撥付了專用資金。這個決定只通知了公司的正式員工（即長期合約工）。各分店經理沒有反對意見，而員工們則表示好奇。

在實施過程中，總經理對CHP設備的安裝施工過程進行了有效的監督和控制。施工安裝是由許多企業分工完成的，由於計劃周密、目標明確，這一工作沒有遇到任何困難，沒有引發任何可能對正常營業造成影響的問題。

試運行一段時間後，設備發揮了預期的節能效果，於是公司就著手爲第二家分店安裝同樣的設備。

該公司的成功，引起了其所屬的國際快餐連鎖公司的興趣。不久，連鎖公司便在旗下所有快餐店推行該公司的成功經驗，安裝相同設備。正由於此類設備的增多，原只是與該公司簽訂臨時服務合同的那位工程師，也可留下來從事固定長期的設備管理工作。公司也因此節省了工資的開支（因爲該工程師及助手的工資由各店共同承擔）。

能源費用是餐飲成本的重要組成部分，能源管理是餐飲管理重要內容。實施有效的能源管理，不僅僅是設立「隨手關燈、關水龍頭」的節能制度，更重要也更基礎的是採用合適的設備。本案例講述了一個採用合適設備進行節能管理的成功過程。這家德國餐飲業能源管理的成功，主要可歸結於以下經驗：

1. 強烈的能源成本意識和持久的能耗記錄。正因為管理者（即文中的總經理）認識到了能源成本的重要性並堅持了長遠數年的能耗記錄和統計，在對多家分店能耗的對比分析的基礎上，才有了大力進行能源管理甚至投資節能設備的動機。

2. 管理者本身對技術、設備的興趣促進其不斷關心這方面的訊息，從而能找到適合的設備。當代餐飲業的管理者們也應具備這種「技術」意識，不能局限於使用傳統方法。
3. 設備採購前仔細的訊息收集、取得專業人士（地區能源機構和專業工程師）的幫助減小了設備投資的風險，也利於獲得上級的財政支持。
4. 在設備安裝施工階段的周密計劃和有效監督及適當的消息封鎖，減小了對餐廳正常營業的影響。
5. 成功經驗在本系統（即連鎖公司）的推廣，提高了專業設備維修管理人員的利用率，從而降低了設備的維修成本。

另外，該公司對設備環保因素的重視也值得借鑒。還有，該公司提出的「在顧客不察覺的情況下進行節約能源」的觀念亦有可取之處。目前，飯店並推行所謂「綠色飯店 」，其中就包含號召顧客「共同」節能的內容，但其實際效果還有待商榷。從餐飲業、飯店業產品性質來看，顧客前來消費本身就是一種享受，號召其「節能」似乎有些不妥，實際效果也不會太好。餐飲業、飯店業是否能更多「在顧客不察覺的情況下」進行節能方面的探索呢？

圖騰柱餐廳（Totem Pole）餐飲垃圾處理的改善

圖騰柱餐廳是美國明尼蘇達州雷鳥飯店的主要餐廳，主要爲店內客人提供餐飲服務。該餐廳爲提供餐食所採購的各種餐飲原料在入庫時主要爲四種包裝形：散裝（無包裝）、紙箱包裝、鋁製裝和玻璃器具包裝。

餐廳經理發現處理垃圾的費用出現大幅上升，從1990年的每噸35.75美元劇增至1991年的每噸95美元。爲降低此類費用，經理決定實施對餐飲垃圾處理系統的改進。

㈠包裝垃圾處理系統的改善

餐廳將包裝垃圾分類爲兩種：一是可循環利用的垃圾，包括紙箱、玻璃器具、鋁罐等，二是不可循環利用的其他包裝垃圾。餐廳再將原有的一個混裝各種垃圾的容器，分成可分別盛裝各種類型垃圾的垃圾收集中心，並要求員工將垃圾分門別類放入相應的垃圾收集桶中。在美國，垃圾處理是要收費的，而不同類型的垃圾收費大爲不同。其中可循環利用垃圾的處理費要大大低於其他類型的垃圾。這樣，可循環利用的垃圾分類收集使得垃圾處理費大幅降低，因爲以前餐廳的垃圾實行混合收集，收費標準是統一按較高的不可循環垃圾的處理設定。當然，餐廳也爲此付出了一定的成本，主要包括教會員工實施垃圾分類收集的培訓費用和爲收集紙箱而購置的紙板壓縮機（5000美元）。

餐廳採用分類垃圾收集系統節省的費用可計算如下：

1. 紙箱。餐廳每月大約產生4.5噸紙板垃圾，處理費用節省約每月427.5美元。
2. 玻璃。每月約二噸此類垃圾，每月節省190美元。
3. 鋁罐。每月約有一噸，節省費用每月23.75美元。

以上三項加起來每月共節省641.25美元，每月用於進行垃圾分類收集的費用約45美元，這樣，實際每月節省596.25美元。

㈡食品廢料垃圾處理

食品廢料垃圾是餐飲垃圾的又一重要部分，爲降低此類垃圾的處理費用，餐廳採取了三項措施。首先，餐廳的主廚利用現存的電腦系統加強對食品原料的庫存、餐食定量和廢料百分比的控制，盡可能減少在食品預制階段的廢料（垃圾）。其次，實行食品廢料垃圾的分類收集，餐廳與當地一家食品廢料循環利用公司達成了合作，這家公司向餐廳提供盛裝可循環食品廢料的容器，置於餐廳內食品預制和餐具洗滌區域，使員工在工作時可方便地將可循環利用的食品廢料丟棄於容器內。該公司則以每週六次的頻率及時將這些廢料運走，這樣又減少了由於食品廢料長時間堆積而引起的各種其他問題。

最後，主廚還透過例行檢查這些容器食品廢料的種類和數量，來加強對食品預制階段中廢料的控制。透過一段時間對這些垃圾容器的觀察和分析，主廚認爲大約有 20% 的被丟棄的廢料是不必要的。因此他對食品加工流程進行了重新設計，提高了原料利用率，從而減少了 20% 左右的食品廢料。

新的食品廢料處理方法可節省的費用計算如下：

食品廢料：每星期約產生十六桶食品廢料（每桶可裝 150 磅），或每月 4750 千克，節省處理費用 451.25 美元。而收集這些垃圾的費用遠約爲每月 128 美元，所以實際每月節省 323.25 美元。

㈢新的垃圾處理方法所節省的成本

使用新方法後，包裝垃圾與食品廢料的處理每月總共節省 919.25 美元，與原來的費用相比，這相當於節省了一半費用。費用的節省得益於新方法的使用，當然也離不開對垃圾處理的日常性管理和廣大基層員工的支持。

競爭的日趨激烈使餐飲業已逐漸步入了一個「微利」時代，餐飲管理者不得不更加精明，不得不為發生在餐廳的所有成本費用進行「精打細算」，餐飲管理者關心的成本費用，不僅僅是那些占絕大比例的原材料成本和人工成本，在西方，人們還把目光投向毫不起眼的垃圾處理。該案例說明了新的垃圾處理方法所帶來的費用節省，也說明了西方餐飲管理者對餐飲成本費用分析的細緻程度，並指出了目前餐飲成本控制中的一個較為人所忽略的真空區域。垃圾分類處理還呈現了餐飲產品的環保概念，符合今後餐飲發展的趨勢。同時，食品廢料處理還引發了員工對餐飲生產流程的反思，導致了餐飲原材料的節省，有利於菜餚毛利率的提高。

小餐具所引發的管理問題
——從調味罐到調料分配器的變革

西餐餐桌上都擺有調味罐，內盛各種調味料供顧客食用菜餚時取用。調味罐最早是瓷質或金屬製成的，有蓋，顧客需如同倒酒一般將其從蓋邊小孔倒出。後來，調味罐被設計爲塑膠製成的擠取式容器。這種形式的調料罐相對前者較衛生，顧客使也方便，成爲眾多西餐館普遍採用的餐桌器皿。

RTM餐飲集團是一家牛排館連鎖企業，自1994年始就開始試製新型調味罐以取代普通的塑膠擠取式容器。該集團的管理人員認爲，擠取式調料罐雖方便了顧客，但還是存在了不少缺點。首先，它們占據了一定的餐桌面積，每張餐桌都要擺上一個，有時反而會影響顧客用餐。其次，它們還容易造成調料的浪費，引起原料成本的上升。再次，這種容器的清洗和消毒十分費事，需較多的人力。最後，容器本身也需時常更換或補充，因爲它們很容易損壞或被顧客「順手牽羊」帶走。

RTM集團專門組織了一個小組來解決這個問題，由一線管理員和技術設計人員組成。專案小組首先提出的一個方案，是使用大容器盛裝調味料並將其置於餐廳的工作台，顧客需用時也去工作台取用，這樣就不至於占用餐桌空間了。但這個方法還是容易造成浪費且清洗消毒工作量較大。另一個方案就是使用一次性的袋裝調味醬料，不占用任何空間也不存在衛生問題，但成本較高。再一方案就是仿生啤酒機的原理製成的充氣式調味料分配器，這種裝置首先得到大多數人的認可，並在小範圍進行了試驗，但效果不理想。原因在於該裝置造價較高，安裝過程複雜，而且使用時很容易造成調味料四處飛濺（由於氣壓原因）。幾次嘗試失敗後，集團開始向外界尋求幫助。他們理想中的調味罐（或分配器）是能降低人工作業成本（清洗消毒），方便顧客也確保衛生。

Gryovac 公司成爲 RTM 集團的理想合作伙伴。這家公司自 1990 年起就開始從事這類容器的研究，具有相當的技術實力與經驗。雙方的成功合作導致了新一代調味料分配器的產生，1998 年，RTM集團開始在其各分店推廣這種新設備。

這種調料分配器名爲 Cryvac ／ Server，由一個塑膠或不鏽鋼容器和一個小型水泵以及一個噴嘴組成，容器大小可按餐館的不同餐位數制定。一個分配器可爲多個餐桌的客人提供服務，這種分配器克服了所有傳統器具的弱點。首先，水泵與噴嘴的引入解決了衛生問題，也不至於使用調料四處飛濺，員工們在補充調味醬料時也無需直接接觸。其二，這種設計使清潔和消毒工作變得簡單，員工無需花多少時間就可完成這類工作，進而大大節省了工時和相應的工資成本。在採用新設備之前，員工每天要花一小時時間來清潔所有分配器，而新設備引入後，只需很短時間即可。其三，新的設備給顧客帶來了方便。需取用調料的顧客只需根據設備上所標示的數量刻度，按下相應的按鈕即可獲得自己所需數量和不同的調味料或醬料。其四，新設備相對於一次性袋裝調味料而言，成本要低得多。據估計，至少要節省40% 的費用。

鑒於新設備的運用成功，BTM集團與Cryvac謀求更進一步的合作，將這種技術應用到餐館管理的其他領域。他們初步的考慮是在廚房生產中進行應用，如製作三明治時需固定量的醬料，就可使用這種方法。

目前，在美國和加拿大幾乎所有的快餐集團和部分休閒餐館都使用了這種分配器和相類似的產品。

西餐調味罐本是一種毫不起眼的餐具，正如中餐使用的調味壺（醋壺、醬油壺、鹽瓶、胡椒瓶），很難引起餐飲管理者的注意。但西方餐飲業者和相應的設計製造公司，卻為這個小物件做起了大文章。一個小小調料罐在西方餐飲管理者眼中成了與食品衛生、勞動力成本、顧客方便度和食品成本密切相關的大問題，因而引發了一場以調味罐到調料分配器的技術革新和管理更新。這一點可說明「餐飲管理無小事」和西方餐飲管理者對餐飲細節管理的理解。

發達國家工資水準普遍較高，有關食品衛生安全法規的完善，促進餐飲管理者非常重視勞動力成本和餐飲衛生管理。本案例的調味罐的變革源於對這兩方面的思考。另外，重視技術、重視以機械代替人力也是西方管理的一大特點。引入新技術，提高自動化、機械化程度成為當前西方餐飲業，特別是快餐業的主流，從調味罐到調味醬料分配器的演變就代表了這種趨勢。

餐飲業與製造設計公司的結合也是本案例的另一類問題。單獨的餐飲業很難具有足夠的資源從事某種設備的研發，與外界的合作是重要的解決之道。當然這也為製造業創造了一定的商機，特別在目前餐飲連鎖經營十分普遍的條件之下。

美國餐館利用新技術防止內部偷盜

據美國國家餐館協會的報告，餐館內部偷盜的行爲日益增多，這包括從收銀機中盜取現金和夾帶食品材料下班等內部員工從事的偷盜行爲。統計結果顯示，美國餐館業用於防止這類偷盜行爲的費手已達每年二十億美元，1997 年偷盜所造成的營業損失已占總營業損失的 59%，而且正以每年 15% 的速度遞增。另據 1999 年美國餐飲服務保安委員會對十一家快餐館和休閒餐館的 1419 名一線員工的調查，50% 左右的被訪者承認自己或多或少曾有過偷盜現金、財物的行爲，這還不包括「偷吃」現象。而在 1997 年這一數字僅爲 43%。在有些餐館，甚至還有基層、中層管理者偷竊現金的現象，而且數目較一線員工要大得多。一家擁有三十多名員工的餐館每年要由於這些行爲而損失 8430 美元，而對於一家擁有 2000 個分店的連鎖餐館集團，年損失則爲 253 萬美元。普渡大學所做的一次類似調查則發現，被調查者實際上大大縮小了他們所實際偷盜的數量，據統計，實際偷竊數可能十倍於他們所承認的數字。內部偷盜已成爲全美國餐館業經營者痛的一大難題，經營者們不得不尋找有效的解決之道。

最早採用的方法是安裝監視器（CCTV），但對於擁有多個分店的連鎖餐館來說效率是不高的。因爲觀看檢查數量多得驚人的錄影帶十分費時，而且經營者不能對多個經營點進行統一監控（各經營點之間不能實現聯網）。

密歇州的「藍領美食家」連鎖餐館，應用一套以資訊技術爲基礎的監控系統（Vision Tech）。這套系統利用訊息壓縮技術將拍攝到的圖像以MPEG文件形式播放出來，並可透過電話線、衛星等多種媒介實行傳輸，使經營者只要擁有一台個人電腦，就可在任何地點觀看到遍布各個分店所拍攝到的畫面，從而實時掌握店內所發生的一切。

CLM 餐館公司（麥當勞的一家分公司）也採用了這一先進技術。該公司的總裁卡洛斯・莫納雷斯認爲：「這套系統比CCTV具有更大的靈活性，使用CCTV時，我每日不得不檢查堆得像山一樣高的錄影帶，而現在我從這個痛苦過程中解脫出來了。」莫納雷斯是在參加麥當勞經理會議時見到這套系統的。他的公司偷盜現象並不嚴重，但他還是購買了這套裝置，因爲他認爲，有了這個系統，他可適時地了解各個分店發生的所有情況，如店面的衛生狀況、員工的精神面貌等。

與Vision Tech相類似的還有一種名爲Sensor link的監控設備，價格要貴但功能要強大。該設備具有自動報警功能，即當畫面上出現非法行爲時，系統會自動報警。漢堡王速食連鎖就利用這種設置來監控員工行爲和顧客的異常舉動。

當然，有些餐廳則未採用監控設備來防止盜竊，而是透過加強管理和完善檢查制度來解決問題。

「監控攝影解決不了問題」，肯德基的一位區域經理認爲，

「我們透過擴展中央控制系統來發現潛在的問題」。

他們的做法是認眞檢查每一筆交易，從中發現可能存在的問題以確定員工是否有偷竊行爲。他們利用此法查處了一批涉嫌偷盜的員工。另外，他們還僱用了一批兼職顧客，協助發現並揭發在駛入式窗口可能發生的偷竊行爲，如員工偷偷將食品從窗口遞給窗外的合謀者。

目前，大部分經營者認爲，單靠高科技還解決不了問題。高科技的應用還需與人力資源管理相結合起來，如員工錄用前的資格審查、仔細認眞的培訓和恰當的激勵措施。

餐飲業一般來說是具有業務量大、服務環境複雜、服務場地擁擠等特點，這些特點為現場監督帶來了較大的困難，也為偷竊財務的行為提供了較多的機會，美國餐飲業的相關調查就說明了這個問題，我國餐飲業實質上也存在類似問題。如何減少這種內部偷竊問題，也成為餐飲業加強內部控制的一個重要任務。

美國餐飲業者充分利用了當前資訊技術所帶來的先進設備，對此現象進行了一定程度的控制，並取得了相當的效果。這就說明當前餐飲業已逐步改變了其原來的「低技術、勞動力密集」的傳統形象。並增加了服務的技術成分。高科技與傳統餐飲業的合作已獲得了初步的成功，並預告著餐飲管理的發展方向。

當然，高科技不能完全替代管理。本案例所提及的肯德基的做法，也說明了人事管理與高科技相結合的必要性。另外，將顧客引入進來充當服務監督的角色，也不失為一種很好的方法。

第七章

餐飲抱怨管理

抱怨是令餐飲管理者頭痛而又會經常遇到的問題，因爲任何餐飲業都不可能百分之百地確保不發生任何服務差錯。而一旦差錯出現，就意味著服務失敗，就可能引起顧客抱怨。抱怨處理不當，則可能永遠失去這位顧客，而且還會造成極壞的影響，也就是常說的「口碑」，而「口碑」又是影響餐飲企業經營極重要的一環。因爲服務產品生產與消費的同時性，決定了顧客購買決策前無法檢驗產品品質的，顧客只能依據相關訊息來做出決定，「口碑」往往成爲最爲顧客所信賴的決策依據。

處理好抱怨，首先應明確一個觀念，那就是顧客的價值。

一位顧客的價值，即給服務組織帶來收益是多少？首先，顧客的價值，不止於一次消費的總額，而是呈現在顧客的終生價值，是顧客一生中某項服務消費的總體消費額。其次，顧客的價值還呈現在其連帶價值上，因爲一位顧客至少可以影響其他十個人。所以，失去一位顧客，就相當於失去十位顧客。

在此一認識下，餐飲業可明確抱怨管理的原則和要點。當服務失敗出現後，餐飲業應迅速推出補救服務，糾正失誤，力爭使不滿意的顧客重新成爲自己的顧客。

一、抱怨管理

㈠了解顧客抱怨的目的

不同的顧客懷有不同的目的前來抱怨，有的是出於經濟上的原因，希望得到經濟補償，這是較爲常見的；有的是出於心理上的原因，希望透過抱怨來求得心理平衡，滿足自己能受到尊重和照顧的心理需求。許多情況下，顧客抱怨的目的是綜合的，既有經濟上的需求，又有心理上的需要。

㈡提供能滿足顧客抱怨目的的補償性服務

雖然顧客會有不同的抱怨目的，但補償服務的設計仍需假設顧客同時具有多重目的，即既有經濟上的需求，又有心理上的需要。

對顧客進行補償，特別是經濟方面的補償，則需考慮顧客的「抱怨成本」。「抱怨成本」是指顧客在抱怨行動中所付出的費用、精力和時間。如顧客抱怨交通費用，因服務失敗而引起的損失；與服務組織聯繫的通訊費用，爲抱怨而耽誤的工作生活時間等等。很多餐飲業在補償顧客時常犯的錯誤就是僅僅「退費服務」，而沒有考慮抱怨成本，這樣做只會打消顧客抱怨的積極性。很多顧客以不再光臨，作爲對這種賠償做法的回應。

因此，當服務失敗出現，顧客抱怨時，許多服務組織不僅「退費服務」，而且予以額外的補償。如有些餐館規定，若顧客用餐時發現有一個菜存在嚴重品質問題，則可獲得所有餐食免費的補償，還有許多服務組織，設有專門的免費申訴電話。這些做法可稱爲「超額」補償。

超額補償不僅能補償顧客因服務失敗而遭受的損失，還要從心理角度滿足顧客的抱怨目的。超額補償表達了一種歉意，一種爲服務失敗而爲顧客提供額外「禮物」的眞誠致歉。有時，服務失敗引起的經濟損失並不大，甚至微不足道。在這種情況下，顧客前來抱怨，很明顯來爲經濟損失尋求一種心理平衡，一種爲自己討回公道的心理。餐飲業此時切忌不可僅僅賠償服務損失，而應在表示誠摯歉意的同時，適當予以一定的額外經濟補償。

㈢顧客遇到的第一個人就能馬上解決抱怨問題

西方餐飲業非常強調解決抱怨的即刻性。顧客抱怨時心情很急切，一進入服務組織就希望很快就有人能意識到問題的存在並解決問題。因此設計補償服務系統時，應有適當程度的員工授權。小問題，一線員工就能解決；對於大問題，也必須有一個迅速傳遞信息的管道，使有權處理者能迅速來到現場解決問題。切忌抱怨無門，手續複雜，處理遲滯。

RETREAT HOUSE 餐廳對一封抱怨信的回覆

有時顧客會以書信方式向餐飲業抱怨，表達對服務的不滿意。而企業則盡可能給予回覆。下面是一位顧客向美國的 RETREAT HOUSE 餐廳抱怨的信和餐廳的回信。

㈠顧客洛夫林醫生的抱怨信

親愛的店主：

這是我第一次寫這樣的信，我和我妻子對於在您的員工那裡得到的服務感到非常不滿，我們不得不讓您了解發生了什麼事。我們於十月十一日星期六晚上在 RETREAT HOUSE，用我妻子的名字訂了位子來開個四個人的派對，招待太太從亞特蘭大來的哥哥嫂嫂的。

我們於晚上七點入座，在餐廳前一張桌子的左邊。在我們就座時最起碼有 1/3 的餐桌空著。我們馬上拿到了菜單、酒單、冰水、麵包、奶油。然後我們坐了十五分鐘直到侍者讓我們點飲料。我嫂子回答：「我想要一杯加橄欖的馬丁尼」，但侍者的回答是：「我不是速記員。」我嫂子只好又重覆了她的要求。

過了一會兒，另一名侍者來告訴我們今晚的特別菜色。我不記得他的名字，只記得他的頭髮是黑色的，戴著眼鏡，有一點矮胖，開卷著袖子。他十分鐘後回來，但我們點的酒水還沒送來。我們當時還沒決定點哪一種前菜，於是先點了開胃菜。但他告訴我們如果沒有點前菜就不能點開胃菜。我們乾脆連開胃菜也不點了。

我們的酒水上來了，這時侍者也回來了。我們在七點三十分時點了菜。當那位侍者在點菜時，他稱呼我太太爲「年輕小姐」，爲她服務時還稱呼「親愛的」。

七點五十分時我們要求侍者儘快把我們點的沙拉送上來，然後我向侍者的助手說再多上些麵包（我們入座時每人分到一個麵包）。她問我們：「誰要麵包？」並像對軍隊點名一樣，讓我們每個人回答要或不要，彷彿這樣她才清楚地知道了要拿多少額外的麵包給我們。

我們的沙拉在八點五分被送上來。八點二十五分我們催侍者把前菜拿上來。八點半時前菜終於送到，這時已是我們入座一個半小時了。另外，值得一提的是用餐期間我們不得不經常要求侍者加水、補充奶油等。

平心而論，廚師的手藝確實不錯，餐廳的氣氛也很讓人愉快。但除此之外，這頓晚餐簡直就是災難。這次的經歷我們覺得非常難過，感覺受到了羞辱。您的員工缺乏培訓，非常粗魯，表現得幾乎沒有禮貌和風度。這和您想要表現的優雅氣氛和所定的高價顯得格格不入。

我們本想將這感受立刻告訴您，但我們當時只希望儘快離開。而我們曾經希望週末假期來臨時多在NEW HAMPSHIRE的RETREAT HOUSE用餐。

我們恐怕很難再次光顧您的餐廳了，我們將會把這次的經歷告訴我們的家人、朋友及生意伙伴。

申訴人：　　洛夫林醫生

於馬塞諸塞州波士頓市

㈡餐廳的回信

親愛的洛夫林醫生：

我們對餐廳有這種負面形象感到非常苦惱，也非常感謝您能費時告知我們，關於你們在此用餐的遭遇。我非常理解和同情您的感受，並想告訴您一些導致這些問題的多種原因。

臨湖地區最近四五年來失業率極低，勞動力嚴重不足。今年，這一形勢繼續惡化，甚至到了應該敲響勞力短缺警鐘的時候了。要獲得所希望的足夠的勞動力已是不可能！雖已估計到可能發生的服務品質問題，但我們曾努力嘗試著在這個旅遊旺季初儘可能多雇些人，但並不成功。這裡有工作的人非常了解這一點，他們知道他們可在任何地方找到工作，而不需要推薦，並且知道他們不會因不稱職而被解雇，因爲企業找不到足夠的人來替代他們。您可以想像一下員工這種占優勢的態度和雇主的失望情緒，特別是那些想要努力維持高品質的雇主。可悲的是，我們不能如我們所願地隨便挑選員工，而旺季的營業量又是那麼大。這種情形下，實施員工培訓是根本不可能的。

非常不幸的，您在 RETREAT HOUSE 用餐的那晚，是最忙的日子之一，即使您入座時還有很多位子空著。我可以告訴您，那晚我們接待了150人，而當天至少有四個員工沒來上班，並沒通知我們，如此情況下確實很難保證服務品質。

基於您在女侍者和男侍者那裡得到的劣質服務，我已解僱他們，如果勞動力市場不是如此對我們不利的話，我將永不僱用他們。如果您當時就能向我們抱怨，那將眞的對我們很有幫助，這將比我們事後再與員工討論此事時，更會對我們的員工產生持續的影響。現在已進入營業淡季，我們有足夠的時間訓練一批新的，如我們所期盼的優秀員工。

請您理解我們的感受，我們和您一樣認爲您當天所受的服務是不可接受的，也是遠低於我們餐廳的正常服務標準。

我們希望能防止這種問題再次發生，但是請您理解，即使在最高級的飯店也可能出現這樣糟糕的夜晚。相信我，這並不是由於我們不關心或沒注意這類問題。

您提到我們的價格，請您做一個比較和調查，您會發現在同等的烹調水準下，我們的價格大約是您在許多城市和度假區預計要花費的一半。我們制定這種價格是爲了在這特殊的地區和其他飯店競爭，事實上還不包括許多飯店沒能提供同等的食物品質和用餐氣氛。

我希望這個解釋有希望使您改觀，對於您和您的聚會成員遭受的任何不滿，我們致以最深的歉意，希望您能接受。我們很高興您能再次光臨，我們將會提供令人愉快的晚餐，使許多人可以對RETREAT HOUSE的經歷感到滿意。

蓋爾・皮爾遜

於新漢普歇爾RETREAT HOUSE餐廳

許多服務問題可在提供服務時透過服務員和顧客的直接交流而得到解決。然而，偶爾顧客可能會在事後向服務提供者做出深刻具體的反應，基於經驗，抱怨信會帶來不同的反應。有些信立刻從服務提供者處得到正確的回應，而有些信無反應或無解決方法。本案例就展示了一個不能解決問題的抱怨回覆。

儘管措辭委婉並向顧客表達了歉意，但RETREAT HOUSE餐廳的回覆信，實質上還是一封為自己的失誤尋找藉口，並不能解決任何問題的信。顧客費神寫抱怨信表明顧客確實對服務失誤已無法容忍，需業者對此有一個令人滿意的答覆，而不是聽取企業「訴苦」或企業為其錯誤所做的各種辯解。RETREAT HOUSE 餐廳的回覆信中列舉了大堆這樣或那樣的所謂實際情況，來為自己的失誤找藉口，就是錯誤地理解了顧客不滿的原因，從而忽視了抱怨處理的關鍵環節——提出解決問題的辦法。

案例二

十八條小毛巾

某晚，丁先生與夫人邀請了一位好友到某烤鴨連鎖公司的分店小聚。三人久未謀面，談興很濃，且烤鴨口味甚好，整個用餐過程十分愉快。酒足飯飽，丁先生連帳單也沒看就痛快地付了款——200多元。

次日，丁夫人在收拾待洗衣物時，從丁先生的上衣口袋發現了昨晚的帳單，她不經意地看了一下。突然她發現一個問題，帳單上似乎列有一個非酒菜類的消費項目：小毛巾，三十六元，單價二元。「這就是說，我們三個人一頓飯用了十八條小毛巾！」她對丁先生提出了疑問。「怎麼可能！」丁先生十分生氣，「這家店還是家小有名氣的企業呢，怎麼會如此犯錯！得找個機會跟他們說說。」

兩天後，丁先生辦事路過那家烤鴨店，就順便走了進去。當時是下午三點左右，餐廳營業早已結束，只有三三兩兩的幾個服務生在休息聊天。丁先生進來時也沒人理會他。他逕自走到收銀台對其中一位領班打扮的人說：「我是前幾天在這兒吃飯的客人。你們好像把帳單給弄錯了。這是帳單，請你們看看。」隨手將帳單遞過去。

領班打扮的人接過帳單，也沒說什麼，看起了帳單。過了一會兒她似乎發現了錯誤，遂對丁先生說：「這件事得讓我們經理來處理，你在這等一下。」話畢就走了。周圍的服務生們照舊聊天，沒有任何人前來招呼一下丁先生，他站在收銀台邊感到十分尷尬。

過了將近一刻鐘，才有一位餐廳主管打扮的人（並不像是經理）滿臉堆著笑走到丁先生面前，請丁先生坐下，並吩咐服務生倒茶。

她沒有自我介紹，也沒有問丁先生姓名，只說：「實在對不起，先生，我們把您的帳單給弄錯了，小毛巾的數量不對，多收了您錢。」然後，她就解釋一番，就是那天營業太忙，收銀員又是新手，等等。

最後，她掏出三十元錢遞給丁先生：「這是多收的三十元。請您收下。」她還解釋了，「您總共有三位客人，每人只可能用一條小毛巾，而我們卻收了您十八條的錢，我們應退還給您多數的十五條的錢。」

話畢，她就露出了大功告成並要結束談話的表情。此時的丁先生覺得心裡有一種說不出的滋味，也無心再與她理論下去，遂拂袖而去。自此，丁先生不再來此店，雖然他本人很喜歡這裡烤鴨的味道。

幾個月後，該烤鴨店也不知由於什麼原因關門歇業了。

抱怨處理不當會導致很嚴重的後果。一家小有名氣的烤鴨店最終關門停業，雖然不完全是抱怨處理不當原因，但也至少是因素之一。

烤鴨店在這次抱怨的處理中出現了三大失誤。第一，沒有對顧客的抱怨做出迅速的反應，顧客進店抱怨遇到的「第一個人」，並未立即向顧客表示對問題的重視。案例中的領班接過帳單沒有做出任何表示，而自己看起了帳單，之後也不置可否，只是說要請示上級。主管也是姍姍來遲，讓顧客等了一刻鐘。第二，接待顧客抱怨缺乏起碼的禮貌。顧客進來後不理不睬，請示主管的時間裡讓顧客很尷尬地站了許久。這都屬火上澆油、增添顧客不滿之舉。第三也是最主要的失誤，烤鴨店提供了一種極不妥當的補救性服務，僅僅將多數的錢退還顧客了事。究其原因，是對顧客抱怨原因、抱怨成本的不理解。本例中，顧客抱怨並不完全是為了經濟賠償，而是認為受到了「欺騙」，而需要更多的心理上的補償。燒鴨店僅退賠多收款（退賠款倒是算得很仔細、準確），不僅沒有給顧客心理上的安慰，而且給顧客一種感覺：「你不就是想拿回多算的三十塊錢嗎，退給你就是了。」顧客似乎是為了三十塊錢而「專程」前來索取。顧客前來抱怨，本身就存在「抱怨成本」：時間、交通費用和心理的不平衡。燒鴨店不考慮這一切，自然不能彌補顧客的「抱怨成本」，從而失去了顧客，影響了「口碑」。

一杯熱咖啡＝68萬美元？

世界速食業龍頭麥當勞，曾遇到過一件由於熱咖啡燙顧客而引起的民事訴訟，最終還導致了公司的巨額賠償。

某個夏日，八十一歲的思特拉．呂倍科女士獨自坐在美國隔爾伯奎特的一家麥當勞餐館裡，她花了四十分美元要了一杯熱咖啡，在放牛奶、糖時，不慎打翻了杯子，咖啡流入她的胸部、腹部、大腿兩側，造成三度燙傷，住院治療一週，並接受植皮手術。於是，麥當勞公司與該女士就賠償問題，開始了一場漫長的民事訴訟。

她開始只要求麥當勞支付一半的醫療費用，即800美元，但被餐館管理者拒絕，只得聘請律師，向法院起訴。律師里德・摩根曾受理過1986年麥當勞顧客燙傷案，經驗豐富，方法得當。他搜集了歷年燙傷賠償資料和案例，並親自到十八家餐館測定熱咖啡的溫度和可能造成燙傷的程度。在法院的調解下，麥當勞曾表示願以22.5萬美元實現庭外和解，但原告開價三十萬美元，於是雙方難以言和，法院只能組織陪審團開庭審理。

法庭辯論時，麥當勞出示了一系列證據，說明十年間曾以和解方式處理過700起熱咖啡燙傷事件，支付賠償五十萬美元，表明餐館對顧客負責，但又認爲，顧客自己燙傷，餐館僅從人道主義角度表示同情，而不應承擔民事責任。

律師則出示了原告、歷次燙傷者的照片和醫院鑑定報告，認爲熱咖啡高達160℃以上，可能導致嚴重的燙傷，餐館應負主要責任。

一名科學家出庭作證，任何 160℃以下的咖啡不會造成三度燙傷。一位醫生作證時說，麥當勞的熱咖啡端出時 190℃，十二～十五秒鐘180℃，二十秒時160℃，有可能造成嚴重燙傷。一名社會工作者說，麥當勞每年出售五十億杯熱咖啡，只有極少數因飲用不當造成燙傷，少類事例的照片和醫療報告不能說明問題。

麥當勞的法律專家認爲，人有保護自己的本能，喝過熱的咖啡可能致傷是個常識，因而餐館不必事先對顧客提出警告或告示性文字。

長達一週的辯論結束後，十二人組成的陪審團宣審判決：顧客享有「知情權」，在不知情的狀態下遭受損害，麥當勞負有責任，支付二十萬美元醫療費用，補償費用的80%，顧客飲用不當，潑灑咖啡，承擔20%的的費用。由於麥當勞漠視顧客利益，拒不承擔責任，不承認顧客的「知情權」，判處懲罰性賠款270萬美元。麥當勞不服，提起上訴，州高級法院改判懲罰性賠款四十八萬美元（1995年4月3日《紐約時報》）。雖然輿論認爲，由民間人士組成的陪審團，是明顯偏袒消費者。

麥當勞有機會以800美元或22.5萬美元來解決這場糾紛，最終卻付出了六十八萬美元的代價。其原因之一就是未能理解事態的嚴重性以及相關的法律條文。如果能儘早意識到這一點，損失是可能避免的。餐飲業處理抱怨時，正確分析事態的嚴重程度和了解相關法律是非常必要的。另外，本案例還說明了服務業進行服務設施、器具和過程的設計時，要注意警示性標誌的設置。如果麥當勞已在咖啡杯上標明警示性語句或圖形，則完全有勝訴的可能。

案例四

當盛裝被灑上紅茶

J飯店是華東沿海城市的一座四星級飯店，地處中心，環境優雅，交通十分便利，主要經營客房、餐飲、娛樂、康樂等項目，通常以接待外賓和商務客人爲主，屬當地高級飯店。

春天，正値該城市的旅遊旺季，因此遊客如雲，飯店生意興隆。J飯店在十天前就接到了來自日本東京某個婦女聯合會的預訂單，她們要訂下五天的餐宿，J飯店非常認眞地準備了她們到來後所需要的一切物品，及飯店額外增送的一個歡迎宴，因爲這個婦女聯合會是J飯店的老客人，她們會在每年的春年都到這個城市，與這裡當地的婦女聯合會進行溝通和訪問，並且入住J飯店，她們的消費額是普通客人二～三倍。J飯店早已將她們歸入了飯店的VIP客人行列，並且每年的這個季節都會事先爲她們留好房間，做好準備。

S女士是這個婦女聯合會的主席，由她負責整個團體的日常性事務和工作安排。幾天後，婦女聯合會一行十幾人如期到達了J飯店，當看到J飯店爲她們所做的準備後感到十分滿意，並對中國人友好的傳統習慣表示極大的讚賞。

與當地聯合會會面就安排在她們下榻飯店後的第二天下午，地點就定在J飯店的廣島餐廳。J飯店按中日兩國的傳統習慣，爲她們的會面再次做了精心的場面布置及設備測試，以確保她們在會面時，環境能帶給她們愉悅的心情，硬體設備能幫助她們順利地進行交流。下午二點整，會議準時地開始，A女士身著華麗的和服，帶領聯合會一行成員，就座於餐廳特地爲她們增設的會議桌旁，餐廳經理親自在桌邊照料著她們的飲食。會議進行非常順利，當接近尾聲時，經理退出了餐廳。回到辦公室，鬆了一口氣，正準備查看桌上的日營業報表時，一名服務生急匆匆地跑過來，喊到：「經理，不好了，不好了，臨時當班的一名男服務生，把紅茶灑倒在A女士的和服上了！」，經理立即跑回餐廳，只見A女士和服的一個肩頭至手肘處被灑上了一大片紅茶，整個會團的人也都紛紛指責飯店服務的不週到，惹事的服務生驚慌失措低著頭站在那裡，經理對這種情況，實在無言以對，只好連連向S女士表示歉意，並承諾一定儘快給S女士一個滿意的處理結果。

第二天，餐廳經理和領班帶著鮮花和禮物拜訪了住在飯店內的S女士，顯然，S女士仍然怒氣未消。

「這件和服是所有衣服中我最喜歡，也是最名貴的一件，我上星期才在東京定做的，圖案設計，製作工藝都是一流的，我想你們是無法補償的。」

經理心想，如果換成普通和服的話，憑飯店高超的洗衣技巧，洗一塊被染髒的污漬是完全沒有問題的，可是用染印的衣服，用再高超的洗衣技巧也是無法將衣服洗得如從前一樣。雖然現在一切都晚了，但是不是可以重新定做一件一模一樣，甚至更好的和服呢？於是，經理向S女士要了定制那件和服的店址、名稱和電話。

一回到飯店，經理立即給那家和服店的老板打了電話，要求他們立即把製作和服的衣料樣本馬上寄過來，力爭讓S女士能在樣本中選出一塊滿意的衣料，由飯店賠償重新製作一件。

幾天後，經理帶著衣料樣本和禮物再次拜訪了S女士。次日，S女士打電話到餐廳經理的辦公室。

「樣本中有一款衣料，我比較滿意。」

經理謝過了S女士，立即記下了衣料的型號和所在的頁碼，並打電話到和服店，讓他們用最快的速度製作和服。這件和服的價格是十萬人民幣。

一星期後，餐廳經理帶著新和服，來到S女士面前。S女士看著新的和服驚喜不已，「這比我前面一件更讓我滿意，它眞是太漂亮了，你們的服務太週到了，這將讓我終生難忘。」

經理在S女士微笑的目光中退出了S女士的房間，回到了辦公室，所有的服務員都以爲事情已經結束，飯店用十萬元人民幣挽回了形象，但經理似乎並不這麼認爲。幾天後，經理又帶著禮物拜訪了即將離行的S女士，這時S女士已把經理作爲毫無隔閡的朋友，並十分熱情地接待了他，經理這時開了口。

「夫人，您如果在日本不太忙的話，我誠懇地希望您能多住幾天，一切費用由飯店承擔，我代表飯店向您表示前幾天帶給您不愉快事情的歉意。」

「哦，不用了，非常感謝您的熱情，但我在日本還有很多事情，下次來中國，我一定選你們飯店，因爲你們給我留下了美好的回憶。」

「感謝您對我們飯店如此高的評價，要是您眞的那麼忙，我只好不留您了，但我還有個要求，不太好意思開口。」

「請您說。」

「我爲您和您團裡那十幾位女士準備了一頓晚宴，想請您們明晚六點到我們餐廳來用餐，屆時我希望您能穿上您的新和服，我們將向您做正式的道歉，你看是否可以？」

「當然可以，我也是這麼打算的，我們明晚六點將準時到餐廳，謝謝您的款待。」

S女士對飯店的做法感到很周到，立即與團裡的十幾位女士進行了聯繫。

次日，S女士穿著飯店賠償的新和服和十幾位女士興高采烈地來到了餐廳。服務員爲她們送上可日的日本家鄉菜，離家十幾天，她們品嚐著家鄉菜，備感親切。大家都覺得飯店想得很周到。當晚宴快結束的時候，經理帶著惹事的服務生來到大家面前，對S女士做出了誠懇的道歉並請S女士的原諒，S女士當場表示飯店的服務非常的周到，那件不愉快的事情也早已煙消雲散，並對新和服大加讚賞，還向同桌的其他女士展示新和服的衣料及腰帶。她們當中有的詼諧地說：「哎呀，早知道是這樣，那杯茶潑在我身上多好啊！」一番話把大家惹得哄堂大笑，這次宴會辦得圓滿成功。

自從這次以後，這些婦女團的成員無論是公差還是自家出門旅遊，只要到這座城市必然住在J飯店，而且還經常介紹親朋友好友入住。

需要說明的事，那件染髒的和服並沒有丟棄，而是被放置在飯店的宴會廳裡，在有重大宴會場所，它時刻告誡著送餐給盛裝的服務員們，「一杯紅茶會使十萬元的服裝報廢，一些看似小小的疏忽，很可能讓飯店受到很大的損失，也會讓前先所做的工作功虧一簣。」

後來，日本一家主要報紙報導了此事，飯店在日本的名聲大振。

一個小小的疏忽造成十萬元的經濟損失，表明了餐飲服務提供的一個重要特徵：100 − 1 = 0，也說明了餐飲管理「無小事」。值得深思的是，飯店為何花巨資去彌補一個小失誤？在這抱怨處理的整個過程，飯店始終貫徹了一個理念：顧客的終生價值及連帶價值。一位顧客為飯店創造的總價值，不是一次性的，而是終生多次的，也不是個體性的，而是連帶性的，特別對某些客人（如本例中這位某婦女團體的頭號人物），其連帶價值更大。如果失去這樣一位顧客，飯店可能損失的連帶價值是非常大的。因此，飯店因自己的小失誤，而為客人提供了花費頗大的補救性服務，甚至是一種超額賠償，來挽回了飯店聲譽，博得了客人的好感，贏得了顧客的再次光顧。此外飯店還獲得一個無價的「免費廣告」——重要媒體的報導。如果計算一下這些收獲的總價，恐怕是遠不止十萬元。

案例五

兩家火鍋店

深秋，寒風乍起，正是火鍋生意的旺季，K飯店是一家火鍋專營店，地段位置並不理想，餐位也只有100餘座，但開張不久便在L城小有名氣，每到夜幕降臨時，這裡門庭若市，好不熱鬧。

某日，L先生過生日，帶著全家驅車前往該飯店。進門後，兩邊身著統一旗袍的引領小姐笑意盈盈地將F先生及他的家人引領入座。入座後，一位服務小姐將F先生不滿周歲的兒子放在一張特製的高腳木椅上，細心的F先生發現，在小孩就座的木椅上還墊了厚厚地一層毛巾墊，木椅呈圓形，小孩坐上後即使再亂動也不會有危險，家長可以放心用餐，再仔細一看木椅的把手上都用柔軟的毛巾包了好幾層，看來這家飯店的服務工作做得非常仔細。

很快，服務小姐拿來了兩份製作精美的菜單遞給F先生和他的太太（F先生全家三人用餐），並向F先生介紹了飯店的特色佳餚。當F先生點到第五個菜時，服務生小姐在一旁很有禮貌地勸阻F先生：「先生，我看您點的菜已經夠您和您的家人享用了，您看是否等菜上齊了，覺得不夠時您再點？」F先生樂意地採納了小姐的建議。十分鐘後，F先生的餐桌上已經擺上了所有的菜（因爲是吃火鍋，所有的菜都有預先準備好的半成品）。該店的菜餚新鮮，色澤鮮艷，數量很足，比通常餐館多出一倍半的量，且價格中等。F先生看了四周，發現該餐館的裝潢並不豪華，而硬體設備也很普通，但經營者的思路卻很特別。比如，餐館在角落的一張桌上擺放了許多調味罐，在這裡享用所有的調料都是免費的，且標有明顯的標誌，鼓勵客人自己動手取用。其中有許多調味料還是飯店自己製作的特色醬料，多種口味供不同的客人選擇。調味罐桌的抽屜裡擺放了塑膠袋、紙盒和筷子，供需要打包的客人帶走。

飯畢，F先生來收銀台結帳。等候找零時，一位管理員打扮的人上前做了簡單的自我介紹，並詢問F先生有何意見。F先生說，餐中服務和菜餚都不錯，只是結帳速度太慢。這位管理員立刻向F先生表示了歉意，並吩咐收銀員去掉消費總額的零頭做爲補償。

同樣是經營火鍋的一家餐館，地處市中心，中等裝潢，餐位100餘座。某日F先生到這家餐館吃飯。進門後，F先生見無人引領便隨意找了一個座位坐了下來，坐下後，F先生環視了四周，餐館的服務員居然沒有一人上前服務。於是，F先生只得招手召喚服務員爲其點菜，幾分鐘後，一名服務員懶洋洋地拿著一張塑膠封面上滿是油漬的菜單丟給F先生，同時還一邊轉頭與其他服務員談笑，F先生見著菜單，食慾大降，便點了一份小火鍋和幾個生菜，這名服務員見F先生點的菜都是些較低價的菜，便皺著眉頭對F先生說：「你一個人吃這些菜是不夠的；我們餐廳的雞圍蝦很不錯，你點一份吧。」F先生採納了服務生的建議。二十分鐘後，幾個生菜終於慢吞吞地從廚房裡端了出來，F先生面對這些半成品的生菜無從下口，便招手讓服務生倒一杯茶（一般餐廳茶水都是免費的）。服務員見F先生要茶，立即遞上一張茶水單，上面分別標註了每種茶水的價格。「其他餐廳茶水不都是免費的嗎？爲什麼你們這裡茶水也要收費？」F先生甚感不悅，「沒辦法，誰叫我們這裡地段好呢？唉－你到底要哪種茶？」面對這樣的回答，F先生大爲發火，於是決定要抱怨這個服務員。

「你立刻把你們的主管給我請出來，我對你們的服務很不滿意。」

「不好意思，我們的主管今天不在。」服務員不耐煩地回答道。

「那就請你們這裡負責的人出來。」

十幾分鐘後，一個穿著廚師服胖胖的中年男人從廚房裡走了出來。

「大老闆不在，我就是這裡的二老闆，你有什麼不滿意的？」

「我對你這裡服務生的態度很不滿意……」F先生簡單敘述了事件的過程，聽完F先生的話後，這位自稱二老闆的男人，回頭用粗話「訓」了那個服務員幾句，並沒有對F先生表示任何的歉意。

當F先生結帳走出餐廳大門的時候，心裡只有一個念頭，就是下次再也不來這裡了。

兩家規模、層級差不多的火鍋店給 F 先生完全不同的服務感受。原因除了設施、服務的差距之處，主要在於顧客意識的差異，這表現在兩家店對顧客反饋意見的不同態度和處理方式。第一家顯然非常重視顧客的評價，而採取了一種主動徵求意見的態度，並針對顧客的意見採取了及時、有效、妥善的補救措施，以小小的「零頭讓利」贏得了顧客的進一步好感。第二家則不但沒有這種主動的意識，而且還對失誤採取了逃避的態度，直到後來才有人出來接洽，卻未表示任何歉意也未有任何補救行為，僅僅以斥責一下當事人了事，完全違背了抱怨管理的基本原則，最終失去了顧客，也失去了顧客可能產生的連帶價值。

A 飯店的抱怨處理與失敗

A 飯店是華東一家地處市中心的中等規模的飯店。某日，C 先生與 Y 小姐去該飯店的自助餐廳用餐。席間，Y 小姐從自助轉台上取了一份乾果，待拿回座位正準備食用時，發現乾果裡夾雜著一隻被晒乾的蒼蠅，頓時，食慾全無。於是 C 先生找來了服務小姐抱怨。服務小姐面對此狀況，表示自己無能力解決，並欲拿起餐桌的上那盤有蒼蠅的乾果準備離去，C 先生認爲既然服務生無法解決，就應該由餐廳主管出面解決，乾果不應就這樣撤走。便要求服務小姐請餐廳主管出面，十五分鐘後，一位身著黑色西服自稱是主管的女士走到C先生的餐桌前，該主管身上既沒有識別證也沒有任何表明是主管身份的證件。未等C先生開口，主管就已經拿起了桌上的那盤乾果，面對此狀，C先生和Y小姐感到不滿，要求該餐廳主管解釋情況並對抱怨做出答覆。這位主管一邊命令服務生迅速撤走乾果，一邊答覆客人：「乾果是餐廳從食品市場進的貨，蒼蠅應該是食品市場的責任，餐廳也沒辦法，希望大家都講道理些。」C先生對於此答覆，愈加憤慨，當即表示不能接受這樣的抱怨結果。於是，主管做出了「退讓」，表示客人在用完餐後，所消費的餐費打88折並爲客人送上一盤沒有對外供應的高級水果。爲了息事寧人，C先生和Y小姐雖然並不滿意，但仍接受了這樣的處理。五分鐘後，服務生送上所謂的高級水果——一盤並不新鮮的水果。C先生和Y小姐沒有再提出異議。待用完餐後，C先生要求結帳，但令人驚訝的是帳單上的價格並未按主管所說的打88折，C先生問服務生爲何不兌現承諾，服務生卻冷冷地回答客人說：「不知道有什麼承諾，也沒有說過要打什麼折，一盤水果沒有算錢已經很客氣了！」當再一次問起主管時，服務生回答不知去向。C先生只能照價買單，但留給C先生和Y小姐的印象不言而喻。

C先生和Y小姐遇到了一種在餐廳中經常可見的問題：食品中有異物。而對此類問題的處理，該餐廳則犯了四則錯誤。首先是推諉過錯。主管將責任歸於供應商，殊不知餐廳應對所出售之所有貨品負全責。這種推諉的做法與態度反而增加了顧客的反感。其二是反應遲滯，抱怨發生十五分鐘後才有管理員前來處理。其三是言過其實，將補償性服務（所謂水果拼盤和折扣）過於誇大而不能兌現。其四為迴避逃遁，待到履行承諾時，管理員卻不知去向（許多餐廳的管理員經常使用此法）。殊不知這等於向顧客聲明：請不要再來餐廳。所以，這是一個完全失敗的抱怨處理，足以反映出該餐館顧客意識的薄弱。

參考書目

1.張帆、蔣亞奇編著，《餐飲成本控制》。上海：復旦大學出版社，2000。
2.趙承金、趙倩編，《現代飯店餐飲管理》。瀋陽：東北財經大學出版社，1999。
3.李力、章蓓蓓編著，《旅遊與酒店業市場營銷》。瀋陽：遼寧科學技術出版社，2001。
4.王天佑著，《餐飲管理學》。瀋陽：遼寧科學技術出版社，1999。
5.張士澤、張序編著，《現代酒店經營管理學》。廣州：廣東旅遊出版社，2000。
6.青安編著，《挑戰麥當勞》。廣州：廣州出版社，2001。
7.中國質量管理協會編，《服務業全面質量管理》。北京：機械工業出版社，1992。
8.吳克祥編著，《餐飲經營管理》。上海：南開大學出版社，2001。
9.楊永安、張進著，《企業質量管理——及實施ISO9000族標準實務》。深圳：海天出版社，1999。
10.千高原編著，《餐館成功運營術》。北京：中國物資出版社，1998。
11.楊欣、陳月英編，《旅遊飯店管理實務》。杭州：浙江科學技術出版社，1999。
12.飯店世界雜誌，1997至2001。
13.（美）羅杰・G・施羅德著，韓伯棠等譯，《運作管理》。北京大學出版社，科文（香港）出版有限公司，2000。
14.（美）阿爾濱・G・西博格著，李婉君、崔功射編譯，《菜單設計與製作》。杭州；浙江攝影出版社，1991。

15.（美）羅納德· F ·西琦著，張道一，陸愛麗譯，《飯店業的衛生管理》。北京：旅遊教育出版社，1993。

16.（美）Roger W. Schmenner 著，劉麗文譯，《服務運作管理》。北京：清華大學出版社，Prentice-Hall, Inc. 2001。

17. Fitzsimmons, J. A., and Fitzsimmons, M. J. (2001), *Service Management*, 3rd ed, Mc-Graw-Hill, Inc.

18. Slack, N. (1998), *Operations Management*, 2nd ed, Prentice Hall.

19. Walker J. R., Lundberg D. E. (2001), *The Restaurant From Concept to Operation*, John Wiley & Sons, INC.

20. www.google.com

餐飲管理-理論與個案

餐旅叢書

編 著 者／陳覺　何賢滿
出 版 者／揚智文化事業股份有限公司
發 行 人／葉忠賢
總 編 輯／閻富萍
執行編輯／范湘渝
登 記 證／局版北市業字第 1117 號
地　　址／台北縣深坑鄉北深路三段 260 號 8 樓
電　　話／（02）8662-6826
傳　　真／（02）2664-7633
印　　刷／鴻慶印刷事業有限公司
法律顧問／北辰著作權事務所　蕭雄淋律師
初版二刷／2010 年 2 月
ISBN　／957-818-626-6
定　　價／新台幣 350 元
E–mail　／service@ycrc.com.tw
網　　址／http://www.ycrc.com.tw

國家圖書館出版品預行編目資料

餐飲管理: 理論與個案 / 陳覺, 何賢滿編著.
-- 初版. -- 臺北市 : 揚智文化, 2004[民 93
]
面 ; 公分. –(餐旅叢書)
參考書目：面
ISBN 957-818-626-6 (平裝)

1. 飲食業 – 管理

483.8 93006921